公共艺术与区域发展：
理论和案例

Public Art and Regional Development:
Theory and Cases

乔 迁 主 编

中国建筑工业出版社

《当代公共艺术》丛书

（姓名按首字母拼音排序）

前　言

《公共艺术与区域发展：理论和案例》一书原计划于 2021 年春季开始启动，由于新冠肺炎疫情的影响，编写工作没法按计划进行，时间不得不推迟。但编委会的几名工作人员依然做了大量的前期准备工作，先后组织专家考察了北京、贵阳、厦门、上海、徐州、天津等多个城市的公共艺术建设情况，又分别在贵阳夜郎谷、江苏淮安天鹅湾以及河南兰考、北京宝贵石艺等地组织了相关的学术研讨会。在这个过程中，逐渐拟定了本书的结构和主要案例范围。

公共艺术是区域发展到一定阶段的产物，又是衡量一个区域发展状况的重要指标。公共艺术是塑造一个区域人文形象的重要因素，同时又对其经济发展起到一定的促进作用，二者是相辅相成的。因城市的发展战略不同，有些公共艺术对城市发展在经济上的影响是间接的，而有些公共艺术是城市发展战略中的重要一环，是作为一个产业存在的。尤其是一些把文旅作为支柱产业的城市，公共艺术是文旅项目的重要内容。当代文化消费在生活中占比越来越高的情况下，公共艺术对区域发展的经济方面的作用将会越来越大。从几十年的公共艺术建设成果来看，有些作品已经成为城市的符号，彰显出城市的精神；有些作品通过数据显示，对经济发展作出了积极的贡献。

本书所选的案例是公共艺术在区域发展当中以不同的角度和层面参与公共区域发展的典型。这些案例为公共艺术参与者在公共艺术规划、设计、建设中提供了可借鉴的经验。当然，城市的发展是多元化的，在人文和技术不断的拓展之下，公共艺术的形式语言衍生了多种可能性，与区域发展的关联方式和对区域发展的作用也出现了多种可能性，这些需要我们不断地探索。

参编专家来自院校公共艺术相关专业的教学研究人员、公共艺术相关项目的规划管理部门、公共艺术家等，他们从不同的角度阐述公共艺术与区域发展的具体问题。从完成的稿件来看，和预想的突出理论性有一定的差距，有的偏重理论梳理，有的聚焦事件陈述，有的侧重数据列举，统稿工作难度很大。但是，或许这就是公共艺术的特点，每种书写方式恰好反映对问题的认知角度不同，反映了公共艺术对社会影响的多样性，恰好使本书具有一种鲜活性，增添阅读的快感。所以，与几位编委商量后决定，尽可能地保留每位作者原有的文章特点，后期统稿只在文字正确与否与表述的连贯上做一些调整。做文字工作是艰辛的，尤其在疫情期间，原来可以到现场考察的计划无法实现，影响资料的收集，但参编专家在百忙中潜心撰写，不吝赐稿，对编委会成员是莫大的鼓舞。

本书在编写过程当中，得到了中国建筑文化中心和北方工业大学领导、专家的指导和支持，工作能够有条不紊地进行，在此表示感谢！希望这本书的出版对公共艺术、城市规划、景观园林的设计者、管理者有一定的参考价值。

乔　迁

2022 年 1 月 7 日

目　录

公共艺术与区域发展综述

乔　迁 / 北方工业大学建筑与艺术学院教授

　　公共艺术是区域发展到一定阶段的产物，是区域发展的重要环节和重要成果。本书以案例分析的方式探究公共艺术和区域发展在精神文明和物质文明建设的不同角度不同层面发生的关系和结果，梳理出基本的模式和理论支撑，并展望未来的可能性。

　　首先要厘清公共艺术的概念，这是探讨公共艺术和区域发展问题的前提。公共艺术在西方本来是一个概念非常清晰的专业术语，在二十多年前被中国艺术和设计界引用，但是英汉文字的差别造成理解上的混乱以及国情不同导致的认识偏差，使得中国对公共艺术的概念和定义至今没有一个统一的认识。

　　公共艺术在中国最应值得注意的问题是把其归属于纯美术化的倾向。阅读二十多年来中国公共艺术方向的理论文章，把公共艺术放在社会学的范畴内来探讨是普遍的现象，更多的讨论聚焦于哈贝马斯"公民社会"等方面的社会学问题，这显然是把公共艺术纳入了前卫艺术的范畴。近十几年来公共艺术在中国也得到了一批较为有影响力的策展人的关注，从这几年反响较大的以公共艺术为名义的艺术事件来看，策展人基本把公共艺术等同于当代雕塑的室外展览，这就远离了公共艺术概念的本体。公共艺术的基本属性是城市公共设施的一个部分，没有这一个前提就不能归类于公共艺术。我们不能否认这些作品本身属于造型艺术范畴，是美术作品，甚至是当代艺术，但一定算不上是公共艺术作品。

　　另一个值得注意的问题是对公共艺术所含形式语言归类的泛化，有相当一部分人把存在于公共空间的所有艺术形式都纳入公共艺术范畴之中，例如建筑、园林、家具、灯光、艺术展、街头表演，甚至是城市快闪，也有人认为美术通识教育是公共艺术的内容，使得公共艺术的外延几乎无所不包。

究其原因是在中国最初公共艺术术语的引用缺乏整体的文本介绍，而只是行文中出现的概念，大多数研究公共艺术的学者是从汉字的字面意思来理解公共艺术这一概念的，汉字和英文的语义无法一一对应，没有限定的语境，造成对"公共"的解读不同，有人把它作为一个社会学概念就不难理解了。

公共艺术是一个历史性的概念，是随着城市发展到现代阶段，文化在公共设施当中的价值意义越来越凸显而产生的。公共艺术强调艺术的公共性、社会性和民主化，这是公共艺术产生的时代背景，但公共艺术本身是根据物质媒介和空间形态定义的概念。城市雕塑是公共艺术的重要形式，但城市雕塑并不等同于公共艺术，公共艺术也是一个系统性的概念。

认识的混乱造成对公共艺术本体语言的研究相当欠缺，发达国家已经建立了一套完善的公共艺术学科体系；中国的城市发展阶段和制度有其特殊性，探索相应的学科体系应该是公共艺术研究者关注的焦点。

对于公共艺术不同的理解肯定会继续存在，但为了本书问题研究展开的一致性，我们姑且给出公共艺术概念明确的定义。通常意义上，公共艺术是指安置在对所有人开放的室内外空间，由公众参与策划和管理的艺术形式，表现形式包括多种类型。公共艺术涉及特定的环境、相关的社区和需求方，与艺术家、策划人、委托人、实施者相关。公共艺术指所有的视觉可通达的空间和建筑内部作为装饰又具有独立艺术价值的各种艺术类型，这种空间的判断多指开敞式、流动人群集中的场所，主要有广场、公共绿地、街头节点、交通站点、纪念场馆等。空间决定公共艺术的性质，概念元素比艺术内容、形式、观众更为重要。总的来说，公共艺术是横跨城市规划、城市设计、环境设计的一个交叉性学科。

公共艺术是在城市规划理念的发展中逐步产生并确定概念的外延和内涵的，在现代城市建设中扮演着越来越重要的角色。世界各国城市发展进程不同，发达国家以"二战"结束为节点，之前是城市生产力的扩大阶段，之后更偏重城市生活品质的提升。20世纪60年代，公共艺术在城市更新的过程中发展壮大。

1959年推行的《费城市政工程公共艺术百分比法案》的实施具有划时代的意义，为公共艺术的有序发展提供了具有法律效力的文本。巴黎拉德芳斯中心商务区的公共艺术规划建设是现代城市设计的样板。中国的现代化城市进程始于改革开放，公共艺术也随之逐步发展起来，因后发优势借鉴了许多经验。即使概念未达成共识，但公共艺术恰逢发展机遇，发展进程较快，与世界发达国家的差距逐步减少。

公共艺术的发展和现代城市规划理念密不可分，现代城市规划发展的理念是从区域功能划分到人文关怀的过程。

最早的现代城市规划理念可以追溯到19世纪末的田园城市概念，这是由19世纪末英国社会活动家霍华德提出的19世纪四大城市设计（田园城市、工业城市、带形城市、方格形城市）

理念之一。田园城市与一般意义上的花园城市有着本质的区别。霍华德在其著作《明日，一条通向真正改革的和平道路》中认为，应该建设一种兼有城市和乡村优点的理想城市，这种城市称为"田园城市"，实质上是城市和乡村的结合体。

"广田城市"是美国建筑师 F·L·赖特在 20 世纪 30 年代提出的城市规划思想。美国历史短、土地广博、生产力水平高，20 世纪初成为世界第一经济强国是提出广田城市理念的客观条件基础。赖特认为汽车作为"民主"的驱动方式是广田城市构思方案的支柱。他在《消失中的城市》中写道："未来城市应当是无所不在又无所在的，这将是一种与任何现代城市差异如此之大的城市，以致我们可能根本不会认识到它作为城市而已来临"。在后来出版的《宽阔的田地》一书中，他正式提出了"广田城市"的设想。这是一个把集中的城市重新分布在一个地区性农业方格网格上的方案。美国城市在 20 世纪 60 年代以后普遍的郊迁化在相当程度上是赖特广田城思想的体现。

在赖特提出广田城市理念的前后，芬兰学者埃罗·沙里宁提出了城市规划中疏导大城市的有机疏散理论，是城市分散发展理论的一种。他在 1943 年出版的著作《城市：它的发展、衰败和未来》中予以详述，并从土地产权、土地价格、城市立法等方面论述了有机疏散理论的必要性和可能性。沙里宁认为没有理由把重工业布置在城市中心，轻工业也应该疏散出去；许多事业和城市行政管理部门必须设置在城市的中心位置。城市中心地区由于工业外迁而空出的大面积用地，应该用来增加绿地，而且也可以供在城市中心地区工作的技术人员、行政管理人员、商业人员居住，让他们就近享受家庭生活。

前述的城市规划理念偏重以区划解决城市扩张问题，20 世纪 60 年代凯文·林奇提出的人本主义城市规划理念具有转折意义，他第一次提出把城市形态和人文关怀作为城市规划的中心理念。林奇在《城市意象》一书中指出，人们对城市认识并形成的意象，是通过对城市环境形体的观察来实现的。城市形态的各种标志是供人们识别城市的符号，人们通过对这些符号的观察而形成感觉，从而逐步认识城市本质。城市意象的理论根据为观察者了解城市的原则，界定了城市形态的概念。林奇认为，城市形态主要表现在道路、边界、区域、节点、标志物五个城市形体环境要素之间的相互关系上。空间设计就是安排和组织城市各要素，使之形成能引起观察者更大视觉兴奋的总体形态。

对城市规划产生重要影响的理念还有《雅典宪章》和《马丘比丘宪章》，它们分别代表了两个历史阶段的城市规划理念。

《雅典宪章》是国际现代建筑协会于 1933 年 8 月在雅典会议上制定的一份关于城市规划的纲领性文件：《城市规划大纲》。它集中反映了当时"新建筑"学派，特别是法国勒·柯布西耶的观点，认为要将城市与其周围影响地区作为一个整体来研究。城市规划的目的是使居住、工作、游憩与交通四大功能活动正常进行。《城市规划大纲》认为城市的种种矛盾由大工业生产方式的变化和土地私有而引起，城市应按全市人民的意志规划。其步骤为：在区域规划基础上，按居住、工作、游憩进行分区及平衡后，建立三者联系的交通网，并强调居住为城市的主要因素。城市规划是一个三度空间科学，应考虑立体空间，并以国家法律的形式保证规划实现。

1977年12月，一些城市规划设计师聚集于秘鲁首都利马，以《雅典宪章》为出发点进行讨论，提出了包含有若干要求和宣言的《马丘比丘宪章》，形成了新的规划设计理念。

在《雅典宪章》后，随着城市、社会生产力的发展，城市的复杂性越来越明显。《马丘比丘宪章》总结了近半个世纪以来尤其是"二战"以后的城市发展和城市规划思想、理论和方法的演变，展望了城市规划进一步发展的方向。

城市及其周围区域之间存在着基本的统一性。今天由于城市化过程正在席卷世界各地，要求人类更有效地使用现有人力和自然资源，城市规划既然要为分析需要、问题和机会提供必需的系统方法，一切与人类居住点有关的政府部门的基本责任就是要在现有资源限制下对城市的增长与开发制定指导方针。规划必须在不断发展的城市化过程中反映出城市与其周围区域之间基本的动态的统一性，并且要明确邻里与邻里之间、地区与地区之间以及其他城市结构单元之间的功能关系。规划的专业和技术必须应用于各级人类居住点上邻里、乡镇、城市、都市地区、区域、州和国家，以便指导建设的定点、进程和性质。

一般来讲，规划过程包括经济计划、城市规划、城市设计和建筑设计，必须对人类的各种需求作出解释和反应，它应该按照可能的经济条件和文化意义提供与人民要求相适应的城市服务设施和城市形态。为达到这些目的，城市规划必须建立在各专业设计人、城市居民以及公众和政治领导人之间的系统不断互相协作配合的基础上。

雅典是西欧文明的摇篮，马丘比丘是另一个世界的独立文化体系的象征。雅典代表的是亚里士多德和柏拉图学说中的理性主义，马丘比丘代表的是理性派所没有包括的、单凭逻辑所不能分类的种种一切。

亚里士多德说："人们为了活着，聚集于城市，为了活得更好居留于城市。"斯宾格勒说："只有作为整体、作为一种人类住处，城市才有意义。"无论是哲学家，还是建筑师，他们的话表明了一个关于城市的基本道理，即城市是人类最主要的居住形态和生存空间。自城市诞生以来，城市规划就自觉、不自觉地遵从这个原理。从《雅典宪章》到《马丘比丘宪章》，城市规划理念在一些方面的转变，更是表达了人类对城市这一生存空间"宜人化"的追求。

城市设计的概念在城市规划已经发展成熟之后产生，在基础设施完善后，进而提出了文化上的需求。城市设计伴随着城市更新、城市再生、城市复兴的过程。

20世纪中叶起，随着全球政治、经济、文化艺术以及城市建设等各方面的快速发展，各国城市的职能发生了变化。催生了公众对生活品质、公共环境、社会理由等方面新的精神需要和文化诉求，希望重建艺术与生活、艺术与传统、高雅艺术与通俗艺术等的关系。一系列公共艺术政策的实施，影响了公共艺术重要事件、经典作品的诞生，从而丰富了社会文化内容，推进了政治思想向多元化发展，在多层面普及人文精神。

美国作为较早实施公共艺术规划的国家，从仿效墨西哥壁画运动和政府赞助的形式开始，把艺术从高雅精英的博物馆体系中解放出来，用朴素的策略和通俗的语言移植到城市建筑和环境之中，彰显出公共艺术所承载的丰富社会内涵、深刻的政治思想和浓郁的人文精神。1959 年，有"壁画之城"之称的费城成为美国第一个批准授权百分比艺术条例的城市，推出百分比艺术条例，成立公共艺术办公室。1963 年，美国国家艺术委员会成立，设国家艺术基金，其宗旨就是资助并管理包括公共艺术在内的各项事务，向美国民众普及公共艺术。

在此前后，世界上不少国家，如意大利、英国、法国等都在发展公共艺术，有的借鉴了美国的"百分比艺术条例"，共同的做法是从中央政府到各级地方政府，以有效的立法形式，规定在公共工程建设总经费中提出若干百分比作为艺术专项经费用于公共艺术品的建设与创作开支。

普遍使用的公共艺术百分比政策比例基本是 1%。分析其原因，可见，对工程建设项目而言，1% 的经费是不影响工程建设整体项目的推动和结构安全的，故 1% 的规定比较能够被各方接受。这一政策能够在工程与艺术碰撞时相互影响，达到双赢目的。

在 20 世纪 90 年代以前，中国并没有引入公共艺术代替城市雕塑和壁画的概念，在 90 年代中期，"公共艺术"被城市规划设计普遍接受。

公共艺术在中国的发展要分成两部分来看。一是中国香港、台湾地区，那里的城市化发展比国内其他地区提前几十年，它们和外界的文化交往比较频繁，公共艺术也随之引入，并逐渐形成了自己的发展机制。我国随着改革开放后，城市迅速扩张，到 20 世纪 90 年代中期，在城市建设的需求下，香港和台湾以外的其他地区的公共艺术建设得到迅速发展。

"public art" 一词于 20 世纪 80 年代中期在中国台湾地区被翻译成"公众艺术"，1994年开始使用"公共艺术"作为更注重场所的表述，概念在混用一段时间后被慢慢接受。大陆地区在 1995 年《雕塑》杂志创刊后举办的论坛使公共艺术的概念开始为艺术界普遍使用。

20 世纪 80 年代、90 年代台湾公共艺术经过几十年的发展，已较为成熟，在城市和乡村建设了一批与环境相容的作品，涌现了杨英凤、朱铭等一批在公共艺术上卓有建树的艺术家。

中国大陆地区的公共艺术在改革开放以前有一定发展，在城市公共空间里的艺术品设置开始出现。当然，如果以公共艺术的社会学定义，以公共价值的建立为前提，我们把公共艺术在大陆地区的起步定在改革开放后比较合适。

1979 年初，首都机场获批建设，出于树立国家形象、增强国家影响力的目的，中央工艺美术学院被委托组织机场壁画创作。以原中央工艺美术学院师生为主要力量，张仃等首都和17 个省市的美术工作者组成机场壁画创作小组开始工作。《首都机场壁画》中反映历史神话的作品有《哪吒闹海》（图 1）、《白蛇传》，表现自然风光题材的有《巴山蜀水》《森林之歌》，取自民俗文化题材的有《泼水节——生命的赞歌》和《民间舞蹈》以及反映社会发展进程题材的《科学的春天》。多元的艺术作品面貌在改革开放后首次出现，打破了艺术创作的题材禁锢，开创了我国新时期艺术乃至文艺创作向多元化发展的新局面。《首都机场壁画》是在公共交通系统中出现的第一组公共艺术作品，是改革开放之后由国家发起的一次集体美术创作，是中国现代公共艺术发展的里程碑。机场壁画系列作品在创作组织形式、题材语言、社会影响及美学价值上都充分体现了带有时代印记的公共性，掀起了 20 世纪 80 年代全国范围内的壁画创作热潮，甚至被视为"中国改革开放的象征性事物"。80 年代，中国经济快速发展，公共艺术有了广阔的舞台，在城市的节点出现了一批象征城市形象的作品。比如 80 年代中期，何鄂在兰州创作的《黄河母亲》雕塑（图 2），潘鹤为深圳创作的《开荒牛》，潘鹤、程允贤

图 1　《哪吒闹海》，重彩笔画，张仃，1500 厘米 ×340 厘米，首都机场一号候机楼三层东餐厅，1979 年

图 2　《黄河母亲》，花岗石，何鄂，600 厘米 ×220 厘米 ×260 厘米，兰州南滨河中路，1986 年

等人创作的《和平少女》等。不锈钢作为公共艺术的常用材料开始使用，例如在北京有刘家洪的《节奏》、洛阳有《龙腾虎跃》等。石景山雕塑公园的出现是中国公共艺术发展史上具有标志意义的事件，此时西方雕塑公园建设也刚刚起步。这个时代产生了许多经典的公共艺术，这和几十年里对艺术创作饱有热情却鲜有发挥机会的艺术家能够全身心投入创作是分不开的。进入 90 年代，公共艺术的需求旺盛，各地城市景观建设如火如荼，城市雕塑成为一个产业。公共艺术活动成为一个风潮，桂林的愚自乐园、长春雕塑公园、威海滨海公园等开始建设。《雕塑》杂志创刊后就把公共艺术作为重要的学术内容推广，既有栏目上的理论研究，也主办了一年一度的雕塑论坛，集中研讨公共艺术问题。

20 世纪 90 年代的公共艺术逐步成熟，数量多，题材广泛，形式多样。1997 年香港回归，中央人民政府组织艺术家创作了《永远盛开的紫荆花》（图 3）；为庆祝新世纪到来，北京市政府委托艺术家创作的大型浮雕《中华千秋颂》等，都是具有历史意义的公共艺术品。在社会功能上，中国的公共艺术满足新时代对公共空间艺术的审美需求，也是政府层面进行思想文化宣传的手段。

进入 21 世纪以来，公共艺术建设从城市空间的配角成为被关注的中心，在城市规划中成为必要的元素。在打造城市形象、促进文旅发展的政策导向下，公共艺术建设被放在了很重要的位置。和中国任何建设一样，几十年里公共艺术呈现爆发式增长。整体来说艺术水准在提升，许多造型具有较高的艺术价值，制作加工也非常精良，与环境的关系也处理得较为得当。当然，在经济利益、艺术家水准、决策者审美水平的影响下，也产生了大批的艺术水准、制作水平不高的作品。从现象学的角度看，这些都是时代的反映。

公共艺术在中国几十年的发展基本完成了其在中国城市的布局，设计逐步成熟，积累的经验在后续的管理中会持续发挥作用。

公共艺术在区域发展中扮演怎样的角色，取决于不同城市的发展理念，有的较为直接参与到区域规划中来，甚至成为产业布局的重要因素。当然，总的来说，公共艺术对区域发展的影响还是软性的，这是城市完善提升的必要环节。

图 3　《永远盛开的紫荆花》，铜，中央工艺美术学院集体，600 厘米高，香港金紫荆广场，1997 年

　　区域发展一般指在一定的时空范围内以资源开发、产业组织、结构优化为主要中心的一系列经济社会活动，是地理环境和人类活动两种因素产生关系的过程。在城市建设日益成熟的今天，公共艺术已经成为区域发展不可或缺的因素，公共艺术建设的目的是凝聚社区人心、共享文化多元、激发创造活力、提升城市形象、增添文旅亮点，这也正契合了区域发展的目标。

　　公共艺术在区域发展中的作用体现在社会价值和经济价值两个方面，通过提升城市文化价值，促进经济发展，满足大众精神文明需求和物质文明需求。公共艺术的建设是一个系统的工程。作为交叉学科，公共艺术跨越人文、历史、艺术、建筑、园林、宗教、政治诸多方面，而具体的工程又涉及规划、经营、管理等诸多现实问题。本书从公共艺术与区域发展相关的不同层面、角度梳理出一些公共艺术经典案例，分析其在区域发展中的价值，以期为后续的公共艺术建设提供借鉴。

　　国外的案例部分涉及芝加哥的千禧广场建设、费城壁画之都的发展、公共艺术和圣塞巴斯蒂安的城市复兴、越后妻有、濑户内海艺术祭、黄金町与日本乡村重建、悉尼邦迪海滩公共艺术节等，涵盖了公共艺术的规划、发展战略、事件等方面。

　　1997年，芝加哥城市委员会决定在格兰特公园西北方的伊利诺伊中央铁路公司铁路站场和停车场的所在地建立千禧公园。千禧广场的标志雕塑《云门》被称为具有标志性和革新性的作品，它在主题上和很多卡普尔以前的作品有着共通点。塑像的镜子效果让人联想到以前游乐园里的哈哈镜，但这些效果有着更严肃的目的，它们让巨大的"云门"看起来相当轻巧。2007年，这个新公园成为芝加哥的第二大景点，排名仅次于海军码头。

　　费城艺术壁画项目是全美最大的公共艺术项目。费城艺术壁画创立于1984年，起源于费城反涂鸦活动。35年来，艺术壁画项目促使艺术家与社区联合，让壁画创作的传统扎根，创造了一种让公共空间和个体都发生向好转变的艺术。每年艺术壁画项目在社区创作50～100幅作品，并对已有的作品进行修护。每年约有15000位访客来到这个"室外画廊"，欣赏那些遍布城市的艺术品。这些色彩绚烂又极富奇思妙想的作品俨然成了费城傲人的新地标，甚至为这座城市赢得了"壁画之城"的美名。

　　20世纪60年代，传统型城市向现代城市发展理念的转变催生了城市更新运动，一些依赖传统产业的城市在产业革命中不得不寻找新的发展路径。圣塞巴斯蒂安原来依仗的第一产业江河日下，但新的发展路径下城市迅速复兴，海滩、美食、电影节和公共艺术成为城市发展的支柱。18万人口的小城成为西班牙第四大旅游目的地，每年接待游客为当地居民的10倍。《风之梳》是20世纪60年代已故雕塑家爱德华多·奇利达在西班牙圣塞巴斯蒂安建造的一件公共艺术，已经成为这座城市的象征，是这座城市不可或缺的一部分。漫步在圣塞巴斯蒂安大街小巷还可以欣赏到几十个奇利达和其他艺术家的作品，它们已成为城市骨肉的一部分。公共艺术在圣塞巴斯蒂安城市复兴中扮演了重要的角色。

北川富朗这个名字和日本的乡村重建有紧密的联系。日本进入经济高度成长时期后，东京市中心出现了"一极集中"现象，亟需采用多种形式分散城市职能。在这种情况下，北川富朗提出让立川、八王子地区尽可能承担起文化职能。1992 年，他启动了"FARET 立川"项目，开始对该地区重新开发的策划工作，尽可能地实现城市基础设施功能方面的艺术化。北川富朗自新千年开启的"大地艺术祭"计划将"社区再建""地域再生"的都市改造工程扩展到遥远的"里山"，这些也都是"FARET 立川"的延续。日本"濑户内海国际艺术祭"始于 2010 年，濑户内海国际艺术节以史无前例的庞大规模和高水准的作品在国际上产生了广泛影响，已经成为日本以当代艺术力量推进地方重塑的标志性项目。

悉尼海边雕塑展（Sculpture by the Sea）首次亮相于 1997 年，后成为一年一度的户外雕塑盛会，该展览每年 10 月至 11 月在澳大利亚最美丽的海滩之一悉尼邦代海滩举行，游客可以尽情欣赏创意独特的、以美丽海岸为背景的雕塑作品，每年参观人数超过 50 万，这对于只有两千多万人口的澳大利亚来说，是一个惊人的数字。悉尼海边雕塑展已经成为世界最负盛名的公共艺术事件之一。

深圳从一个边境村庄变身为中国最发达的城市之一只用了十几年，如今综合实力位列一线城市。深圳是中国经济改革和对外开放的"试验场"，率先建立起比较完善的社会主义市场经济体制，创造了世界工业化、城市化、现代化史上的奇迹，是中国改革开放辉煌成就的精彩缩影。潘鹤 1984 年完成的《开荒牛》，反映了深圳经济特区开拓者甘当牛马、为后人开路的"闯将"精神，成为记录时代的不朽杰作。《深圳人的一天》城市公共艺术雕塑，是创作团队在 1999 年 11 月 29 日随机选择了在深圳的 18 个不同行业的普通人作为模特进行翻模，然后做铸造成铜雕，反映深圳人日常的不同生活状态。《深圳人的一天》是深圳日常的写照，天南地北的人来到这里建设一个共同的家园。这两件雕塑的建设丰富了深圳的城市文化。

洪世清是一名版画家。1985 年起，先后在浙江玉环市大鹿岛、福建惠安崇武半岛创作大型岩雕两百余件，被刘海粟评为："不朽之大地艺术。"其岩雕以海生动物为题材，取法秦汉雄风，顺势布局，因石赋形，略施斤斧，人天同构，极见粗犷浑厚、苍莽奇崛之气象。洪世清的岩雕是"三分之一工艺三分之一天然三分之一时空"。今天，洪世清的岩雕已经成为大绿岛景区重要的景点，使其成为"东海碧玉"；在崇武海岸的岩雕也成为崇武古城景观的一个部分。

位于贵州贵安新区党武乡花溪大学城的夜郎谷喀斯特生态园是一个独具风韵的神秘之谷，原为郊区山野荒地，经过宋培伦倾注 20 年心力独具匠心的构思和创意而完成。在学界还在争执公共艺术概念的时候，宋培伦老师已身体力行地创作着公共艺术。他是先知先觉者，知道如何把人的情怀与时代契合，在时代发展到呼唤公共艺术时，他成为一个先锋。夜郎谷已经成为贵州的文旅名片，在经济方面每年各项收益约 2000 万元，是近 20 年来中国公共艺术发展中对区域促进具有典范意义的一种模式。

大地艺术也是公共艺术的一种语言形式，又称"地景艺术""土方工程"，是指艺术家以大自然作为创造媒介，把艺术与大自然有机结合所创造出的一种富有艺术整体性情景的视觉化艺术形式。王刚以油画家的身份成为中国大地艺术的先行者。2016年到2017年，在作家刘亮程的帮助下，王刚在新疆木垒县菜籽沟创作了单体占地几百亩的《大地生长》系列巨幅头像大地艺术，使西北的荒野有了人文的回声，加入到当代景观的行列。作品成为大地的一部分，有力但不张扬，人的介入隐含在大地之中，地老天荒。

董书兵教授的《婴儿》系列雕塑倾注了自己的个人情感，获得了广泛的社会关注与认可，并在当下雕塑界形成一种辨识度极高的创作主题与个人风格。他的《大地之子》雕塑落成于甘肃瓜州县红山坡戈壁滩之上。董书兵教授通过对当下全球大型雕塑的梳理和研究，对目前国内可运用的大型雕塑创作材料进行应用尝试后，选定以红砂岩为主要材质，利用3D扫描获取模型数据，再分块进行3D雕刻，最后逐块雕砌安装成型。《大地之子》雕塑主体为趴伏在地、恬然入睡的巨大婴儿形象，在茫茫戈壁之上用粗粝的红砂岩雕砌出长15米、高4.3米、宽9米的婴儿形象。作品本身寓意的文化内涵，都与广袤壮阔的戈壁情境相融，浑然天成，毫无牵强之迹。每年到敦煌旅游的游客近百万，该雕塑的落成为瓜州地区树立了文化新地标，通过游客及当下新媒体的传播方式产生巨大的影响力。

长春世界雕塑园2003年9月对外开放，是公共艺术参与区域发展的又一种形式，它是城市公共设施的一部分，也是一个文旅项目。该园位于长春市核心区，占地面积92公顷，其中水域面积11.8公顷，景区目前是"一园五馆"的格局：长春雕塑艺术馆、松山韩蓉非洲艺术收藏博物馆、魏小明艺术馆、长春雕塑博物馆和雕塑体验馆，汇集了来自世界216个国家和地区的万余件（组）艺术作品，其中室外雕塑460件。世界著名雕塑大师奥古斯特·罗丹的5件原作，使这里成为国内拥有罗丹原作最多的雕塑园。景区集自然山水与人文景观于一体，已经成为国家AAAAA级旅游景区、首批"国家重点公园"，同时获得"新中国城市雕塑建设成就奖"中唯一一个"雕塑公园成就奖"。

这里是举办各类大型活动的重要场地，也是群众文化旅游、休闲养生的艺术氧吧；是国内十几家顶级高校的教学实践基地，也是群众了解雕塑艺术的主要场所；是世界雕塑艺术的殿堂，更是长春的一张金色名片！

本书不同的章节由不同作者完成，在符合整体理论框架的情况下，并未要求各章节侧重和文字表述风格的一致，各章均可以独立成篇。编委会收到稿件后，组织了几位学者对文章做了小范围的调整，使各章之间独立又相互关联。

本书的可读性较强，涉及的作品均有较高的知名度，内容翔实，图文并茂，文字活泼，可以成为一般读者的通识读本和专业人士的参考资料，即便当成文旅介绍来阅读也未尝不可。

千禧广场公共艺术，芝加哥新时代的开启

冯祖光 / 北京化工大学公共艺术专业负责人
申子嫣 / 北京化工大学教师

点亮芝加哥这座钢铁城市并带动区域发展的千禧广场，是芝加哥自 1893 年世博会以来最重要的工程。这座从立项开始就被万众瞩目的公共公园，是评论家口中的"属于 21 世纪的公园"；《芝加哥论坛报》也曾以"世界上最负盛名的建筑大师将使芝加哥有机会快速进入 21 世纪"为题对它进行造势。

这座整合了艺术家、政府、基金会、公众参与等多方力量的千禧广场（图1），1997年 10 月开始设计规划，1998 年 10 月开始建造施工，历时六载；2004 年 7 月 16 日对外开放，成为价值 4.75 亿美金的集艺术、建筑、绿地、工程及公共互动于一体的综合工程，使芝加哥拥有了世界上面积最大的屋顶花园，成为仅次于海军码头最受游客欢迎的景点。芝加哥园林局网站数据显示，芝加哥每增加 1 名游客，就能为城市新增 0.004 个工作岗位，千禧广场的落成无疑成为促进芝加哥这座城市从重工业城市转型为服务型绿色休闲旅游城市的重要因素。

芝加哥市政府赋予了这座公园非凡的意义和灵活的设计自由度，让艺术家们尽情地将设计灵感挥洒在这片土地上。荣获了 40 余项规划大奖的千禧广场成为 21 世纪以来带动区域发展、促进城市转型更新的典型范例。它将公共艺术对空间作用与表达的积极作用发挥到极致，在24.5 英亩①的土地上我们能够看到政府的推动性、艺术的多样性、空间的复合性、公众的互动性、科技的现代性。作为格兰特公园里的废弃区域并没有影响它为城市创造新的活力，破旧不堪的场地前身与现如今丰富多样的公共艺术功能形成强烈反差，千禧广场形成了有别于其他公共娱乐场所的亮点，成为密歇根沿线突出的文娱中心。

---

① 1 英亩 =0.004047 平方千米

图 1　千禧广场鸟瞰图

一、广场筹建，重塑芝加哥的钢铁历史

　　千禧广场的立项规划和建造发展与芝加哥这座城市的发展历程息息相关、密不可分。政府对芝加哥城市的新定位与制定的转型政策，使千禧广场设计项目应运而生，可以说千禧广场项目的发起是芝加哥发展到一定历史阶段的产物，更是区域更新与城市转型的必经之路。这个长达六年才建造完成、集多重功能于一体的大型公共艺术设计项目的发展变迁，也映射了芝加哥在城市经济、社会发展和城市规划等方面的不同阶段。

　　每个城市的发展史都根深于其所处地理环境的独特性，芝加哥也不例外。作为典型的滨水城市，它位于密歇根湖的最南端，既是最初湖区贸易的受益者，又是大陆容易到达的区域。19世纪，芝加哥水运兴盛，铁路出现。1836 年，运河管理局为密西西比河与密歇根湖建立了联系，将芝加哥中心区临湖区域作为公共用地。1852 年，芝加哥铁路局为临密歇根湖畔富人区修筑防风堤，并以在防风堤上铺设铁轨作为交换条件。优越的地理位置和便捷的水陆交通大大促进了芝加哥城市经济的发展，并使其在短时间内快速崛起。但公众对城市的发展意识并不强，城市规划也处于酝酿阶段。

1. 城市问题频频出现，亟待变革创新

1871 年，连续几天的大火使芝加哥面临了 19 世纪人类历史上巨大的灾难之一，摧毁了约 675 平方公里范围内价值约两亿美元的财产，将昔日创造的辉煌夷为平地。这场无情的大火也让芝加哥经历了"浴火重生"，迫使芝加哥进行大规模重建，并以前所未有的速度迅速扩张。大量的高层建筑开始兴建，水上运输业也达到鼎盛。钢铁、中西部地区的农作物源源不断地运往芝加哥这个"大枢纽"，使其一跃成为整个中西部地区的运输中心。与此同时，在密歇根湖滨区域建立起了连接鲁道夫大街和密歇根大街的高架道路，为街区之间的交通运输拓宽了渠道，也削弱了湖滨水域对城市水运的影响，水路运输由于高架道路的加持而变得更加便捷。1893 年，在芝加哥举办的世界博览会对芝加哥公园系统的形成具有一定的促进作用和建设指导意义。19 世纪后半叶，芝加哥成为世界领先的钢铁生产中心，钢铁的需求量和使用量巨大。

20 世纪初，随着汽车时代的到来，沿湖区域兴建了大量的车行道路和高速路，使得城市和湖滨区域日益分隔。同时，铁路运输发展达到鼎盛阶段，水运逐渐衰落，毗邻的水体也受到一定程度的污染。湖滨区域从为城市带来活力，促进经济发展的中心区域沦为城市的废弃地带，成为环境恶劣、犯罪滋生的温床。同时，公众意识开始觉醒，以城市美化运动为主的现代主义思潮兴起，现实环境的恶化与公众需求的提升使芝加哥的城市发展问题日益凸显。为解决这一问题，1903 年城市规划先驱奥姆斯特德对该地区进行整合。1909 年伯拉姆在著名的《芝加哥规划》中提出要永远对公众开放，保持"开放、免费和干净"。1929 年的法国古典主义、现代主义设计思潮均对千禧广场项目的萌芽产生了重要影响。

20 世纪中叶，随着个人交通工具兴起，人们对汽车的需求以及停放车辆需求的增加，汽车停放和铁路路线交错，对格兰特公园整体环境和布局产生了很大影响。1965 年，为满足汽车停放的巨大需求，格兰特公园开辟了 3 个停车场地。直到 1981 年，处于格兰特公园的停车量仍占芝加哥中心区停车总量的 20%。这样一味满足实际需求而不合理考虑规划建设，不充分利用公共空间的做法，使得位于芝加哥大都会的中心地带逐渐被废弃的铁轨、高架路、地铁线和停车场所占据。1957 年全美经济的衰退也使芝加哥的经济发展受到严重冲击，昔日的钢铁巨头沦为"铁锈地带"，同时工业企业开始外迁，汽车工业和重型制造业的衰败造成大量贸易和人口流失，芝加哥陆续出现了一系列由于产业结构不合理和城市环境衰退等带来的城市发展问题。

这些城市问题的出现以及公众意识的逐渐觉醒，都使得政府在城市规划方面的思考与反思逐渐深入，重新意识到地理环境、空间属性对于一个城市的价值。1980 年，芝加哥政府最终确定并贯彻执行了"以服务业为主导的多元化经济"发展目标，而城市的发展及转型，也加剧了诸如交通拥堵、大型建筑空间荒废等急需解决的问题。为重塑这片被人遗忘地理位置却又十分重要的区域，集中力量解决芝加哥发展及转型当中的激烈问题，芝加哥千禧广场的建设方案被提上议事日程。人们幻想它应该不仅具有基本的功能属性，还应具有设计美感，是城市中一处能够提供休憩赏景、交往娱乐的公共空间。在戴利市长的建议下，新落成的千禧广场被打造为整个城市的骄傲、一张活生生的城市明信片。

2. 艺术创作让该区域重新焕发生机

　　重建工作虽然面临着重重困难与挑战，但"钢铁"作为这片区域具有强烈地域标志的材料，以其独有的鲜活特色为重建工作带来了许多新的灵感与无限可能，成为能够激活芝加哥这座城市的不二选择。芝加哥的钢铁产业曾是让这座城市快速发展的生命动力，落成的千禧广场依旧充满着强烈的钢铁气息，艺术家们用钢铁铸造起了千禧广场的生命建筑，将艺术作品的灵魂倾注于钢铁。广场中的杰伊·普里茨克半户外音乐厅（图2）、"云门"雕塑、BP人行天桥（图3）都是由钢铁元素建造而成，就连皇冠喷泉的内部框架也是由钢铁构成的。

　　在改造后的千禧广场中，我们可以看到钢铁的四种运动：杰伊·普里茨克半户外音乐厅是奔跑着的钢铁，"云门"雕塑是流动的钢铁，BP人行天桥是漫步的钢铁，皇冠喷泉是跃动的钢铁。

　　钢铁对于蓄势待发的芝加哥来讲不再是冰冷、坚硬、腐朽、距离感的代名词，也不再被认为是阻碍芝加哥转型为绿色城市、旅游城市的绊脚石。艺术家们运用强烈标志地域的材料——钢铁，以运动的形态创造了联结过去、聚集当下、展望未来的艺术作品，让这片被遗忘和废弃的区域重新焕发生机，塑造了千禧广场区别于其他公共广场的鲜明特色，使钢铁再一次成为芝加哥最具独特性的标志。随着千禧广场的施工与落成，21世纪以来，芝加哥前期的产业转型

图2　杰伊·普里茨克半户外音乐厅举办活动

图 3　弗兰克·盖里设计的 BP 人行天桥全景

战略成效显现，基本形成了以服务业为主的多元化经济结构，实现了以"国际教育科研城市""文化体育城市""休闲城市"为定位的发展目标。

二、四大亮点作品，突显千禧广场艺术特色

千禧广场坐落于芝加哥中心区卢普商业区的核心地带，位于格兰特公园的西北方向，四周被哥伦布车道、密歇根大道、兰道夫街和东门罗街环绕。整体用地面积为 24.5 英亩，如今的铁路交通站千禧站曾经是公车专用道、停车场和伊利诺伊铁路中心。广场中的设计作品按照呈现方式可以分为构筑物、雕塑、景观园艺、设施四大类。构筑物主要包括杰伊·普里茨克半户外音乐厅，以及海瑞斯音乐及舞蹈剧院。园内的雕塑主要包括公共雕塑云门、皇冠喷泉等。景观园艺有被称为"世界上最大的自然性质的绿色屋顶"的劳瑞花园；设施有溜冰场、BP 人行天桥、大道长廊等（图 4）。正是因为千禧广场涵盖了多种形式的公共艺术作品，才能让这座一味向上发展的城市将更多关注的重点转移到地面。

这里将着重介绍千禧广场中的四大亮点作品。

1. 杰伊·普里茨克半户外音乐厅

由千禧广场的总设计师弗兰克·盖里亲自操刀设计的杰伊·普里茨克半户外音乐厅拥有独

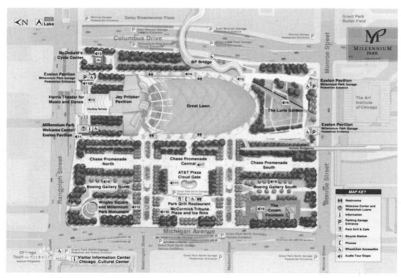

图 4　千禧广场整体规划布局图

特的壳层空间（图 5），设计十分精巧，"今日美国"将音乐厅外壳层描述为千禧公园中具有里程碑意义的核心。在外观上，它由金属构成的钢铁曲面宛如密歇根湖上的片片水花，又如风中飘舞的花瓣，而纤细交错的钢管所搭建起的网架顶棚，又在空间中营造出了极具冲击力的视觉感受，如此独特的外形与公园周围规整又庞大的高层建筑群形成了鲜明对比。而且为了保证能使每一位听众享受高标准音效，设计师将音响悬吊在露天顶棚上，同时在声音系统方面进行了改善，让观众既能够在可容纳 7000 人的大草坪上如同身临大自然，享受音乐之美。

2.《云门》雕塑

　　《云门》由英国艺术家阿尼什·卡普尔设计，位于千禧广场北部的 AT&T 广场，高约 10 米，长约 20 米，宽约 13 米，重约 110 吨（图 6）。其外形酷似一颗豆子，作者的设计灵感来源于液态汞，远观犹如一颗巨大的汞滴，为了保证作品表面能够准确地还原设计师所期望的雕塑造型，在施工前期进行了模型内部结构的模拟，在施工过程中采用具有严格规格的钢板，并且需要通过特殊的焊接技术完成；为实现雕塑表面的自然过渡，在雕塑搭建完成之后由 63 名钢铁工人对镜面进行了五个步骤的打磨和抛光工序，最终呈现出了光滑闪亮的表面。

3. 皇冠喷泉

　　千禧广场中另一处极受欢迎的作品莫过于由西班牙艺术家乔玛·帕兰萨设计的皇冠喷泉（图 7）。两个相对而建的玻璃立方体组成的 LED 显示屏幕，高达 50 英尺[①]，中间有一处黑色花

---

① 　1 英尺 =30.48 厘米

图 5　杰伊·普里茨克半户外音乐厅

图 6　《云门》雕塑

图 7　皇冠喷泉

岗石反射池,设计师运用数字媒体技术在屏幕上呈现出不同的面部特写,而所呈现的面部来自1000位芝加哥市民。每隔一段时间,屏幕中的市民口中会喷出水柱,设计师通过这种诙谐幽默的方式为游客带来突然惊喜。每到盛夏,皇冠喷泉不仅变成了孩子们戏水的天堂,而且每一个来到皇冠喷泉的人都能收获放松和欢乐。这项突破传统的公共雕塑作品于2005年获得了旨在奖励创新性、结合AV技术和建筑设计的ARCHI-TECHAV奖。

4. 劳瑞花园

这座总面积达5英亩的开放式花园位于十分显要的位置:东临密歇根湖和哥伦布大道,南靠兰道夫街,西拥密歇根大道,北望门罗街和芝加哥美术馆(图8)。为达到"一年四季鸟语花香"的设计目标,公园中种植了大量的常年生植物、球茎植物、草、灌木和树。由植物学家、概念设计专家、水功能顾问、灯光设计师及其他专业人员构成的设计小组将公园以对角线状的溪流为界一分为二,自然地产生了"亮面"和"暗面"两个部分。植物学家在其"亮面"种植了大面积的常年生喜阳植物,色彩鲜艳,象征城市的未来景观和欣欣向荣的发展前景;"暗面"则种植了喜阴的植物和树木,暗喻了芝加哥早期过往的景观历史和历经沧桑的时代变迁。劳瑞花园的存在,让芝加哥这座冰冷的钢铁城市拥有了世界上最大的自然性质的绿色屋顶,使千禧广场的功能性变得更加丰富多样,代表着芝加哥政府致力于促进城市区域更新、绿色转型升级的决心。

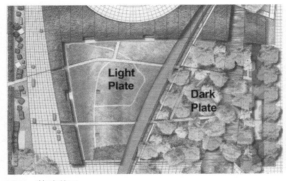

图8 劳瑞花园

三、城市客厅,彰显公共艺术的美化再造与激活创新作用

千禧广场除了四大亮点作品之外,园内其他的设计作品同样具有鲜活的设计特色。它之所以能够被称为芝加哥的"城市客厅",原因在于充分发挥了公共艺术对城市美化再造与激活创新的带动作用,通过公共艺术作品拉近了公众与场所的距离,运用科技手段将作品完美呈现。千禧广场不仅丰富了芝加哥的城市功能,而且改善了这座城市的服务特性,使它变得更加贴近大众,更加绿色生动。

1. 公共艺术对城市的激活作用

公共艺术将艺术作为媒介与观众产生互动，观众将通过作品所产生的体验感受反馈给公共艺术作品，艺术作品再将这些反馈所产生的能量积聚到下一次的传递中，这样就形成了一个互动的综合空间，去激发更多的行动，激发一种良性的循环。千禧广场正是这样的一个具有公共艺术属性特征、聚集了芝加哥最活跃"能量"的场域。千禧广场中的公共艺术所产生的能量来源于不同年龄、背景、种族、信仰的人们，这里的受众可以是所有人。

千禧广场当中的公共艺术作品不仅使"艺术"介入城市空间，甚至开始介入生活并成为芝加哥人生活的一部分，也成为初访这座城市游客们的"必打卡"体验地。人的变化与流动为这座脏乱不堪、腐朽没落的城市带来了新的活力：以千禧广场为中心，公共艺术所产生的影响开始逐渐向四处蔓延，当影响力和知名度已经超越了城市地域限制的时候，它就已不再是一座仅靠艺术美感来装点城市的公共公园，而是善于运用公共艺术区别于其他艺术表现形式的独特之处，从而激活城市、促进区域发展与城市更新的重要手段与媒介（图9）。

图9　海瑞斯音乐及舞蹈剧院庆祝15周年

2. 体验互动对公众的吸引带动

千禧广场中的"云门"雕塑、皇冠喷泉等多个艺术作品均采用互动性思维进行设计，将静态的公共艺术作品通过观众的参与和互动转变为时刻都在变化的、富有鲜活生命力的动态作品。在"云门"雕塑上，观众能够找到一种纯粹的快乐，这种愉悦的感受与这座城市给人的刻板印象形成鲜明的对照，这颗"豆子"正在时刻以这样的方式柔化这座城市，使它变得亲近人、关注人、愉悦人，活跃了观众的感官和内心世界。另一个能够使公众产生体验互动的作品皇冠喷

图 10　孩子们在皇冠喷泉周围玩耍嬉戏

泉通过动态的影像——1000 位芝加哥人的面部随机出现在相对的两座屏幕上，每张脸的播放时间为 5 分钟，最后 1 分钟时，嘴唇张开，水从嘴中喷出。有很多观众会驻足观看，猜下一位神秘"嘉宾"会是谁（图 10）。

在千禧广场，"艺术"不再是高高在上、遥不可及的观赏品，它成为减少人与区域之间陌生感与距离感的媒介，使艺术的普适性大大提高，通过互动娱乐的形式加强了游客对区域的记忆，而互动所产生独特记忆让千禧广场在每一位游客心中都变得更加特别。这样的方式不仅丰富了千禧广场的整体功能，带动了千禧广场的客流量，提升了关注度，而且也间接带动了周边区域的发展和繁荣，展现出后现代设计蓬勃的生命力和无尽的创意潜力。

3. 科技工艺对标准的现实应用

千禧广场中多处作品的完美呈现与对现代科技的运用是分不开的，《云门》雕塑是艺术性与科技工艺相结合的完美典范。《云门》雕塑造型虽然看似简单，但由于对表面精度要求很高，如何创造一个整体、无缝的外壳成了这项作品落地的最大难题（图 11）。在设计过程中，阿尼什·卡普尔借助计算机模拟分析了各种可能出现的复杂情况，如解决夏天表面太烫、冬天温度过低，季节交替时气温对结构有影响等问题；其他如涂鸦、鸟粪、指纹等，也均被考虑在内。为了确保组成雕塑的 168 块重量不等的钢板在安装时准确无误，先运用了三维建模软件进行模拟，并借助机器人对钢板弯曲度扫描检测。焊接后所产生的难以避免的 744 米长的线性焊缝，由 24 位焊工历经 10 个月进行表面打磨工作，以完美姿态展现在世人面前（图 12）。

除此之外，连接千禧广场与戴利柏森泰尼尔广场的 BP 天桥也最大限度地运用了现代科学技术，BP 天桥作为梁架结构的步行桥，桥体由 22 块因焊接特性优良且抗腐蚀性强而闻名的 316 型号不锈钢组成，为了将面板环环相扣，并且使桥体表面有良好的光洁度，《芝加哥论坛报》称，桥梁建筑材料包括 2000 块耐腐蚀巴西硬木夹板、115000 个不锈钢螺丝钉、9800 个不锈钢瓦板（图 13）。天桥不仅如同噪声屏障，阻碍了从哥伦布车道上传来的交通的声音，

图 11　PSI 制作的"云门"计算机透视图，展示出了雕塑的内部机构

图 12　《云门》雕塑施工过程

图 13　BP 天桥

而且组成桥体的高性能材质能够承受从普利兹克音乐厅退场所产生的巨大人流量，同时平坦的桥面对残障人士十分友好。无论是《云门》雕塑还是 BP 天桥，作品在落地实施阶段所产生的实际问题都在现代高科技的协助下获得了较为圆满的解决。艺术家们天马行空的设计想法借助科技的进步变为了现实，同时也树立了运用科技工艺对艺术作品的设计标准提供解决方案的成功范本。

四、共同参与，彰显城市转型的信心与决心

作为最终耗资 4.75 亿美元的大型公共园区建设，仅凭政府的一己之力很难做到将艺术性与功能性统筹兼顾。千禧广场的开发与建设离不开政府下大力度推进城市转型的决心，也离不开城市政府组织在筹备过程当中的积极推动作用，在建设过程中创新形式、拓宽渠道、转变思维，呼吁社会机构广泛参与。

为实现建造千禧广场的最初目标，政府采取了"公私合作"的资金筹措方式，在全额投入1.5 亿美元后，依靠芝加哥城市委员会发行地下停车场和中央循环 TIF 基金债券来筹集出资 2.7亿美元，同时接受私人机构捐赠 2.05 亿美元，这样的资金筹措方式也成为芝加哥城市开发建设历史上极为少见的"公私合作"的成功案例（表1）。

千禧广场资金分配及占比 表1

项目	成本预算	最终成本	占预算百分比
车库	8750万美元	1.056亿美元	121%
公交设计建设	4300万美元	6060万美元	141%
杰伊·普利兹克音乐馆	1080万美元	6030万美元	558%
哈里斯剧场	2000万美元	6000万美元	300%
公园完成/景观	未申请	4290万美元	
设计与管理成本	未申请	3950万美元	
维护费	1000万美元	2500万美元	250%
皇冠喷泉	1500万美元	1700万美元	113%
BP人行天桥	800万美元	1450万美元	181%
劳瑞花园	400万~800万美元	1320万美元	330%~165%
云门	600万美元	2300万美元	383%
艾克斯顿展馆	未申请	700万美元	
柱式/箭牌广场	500万美元	500万美元	100%
大通长廊	600万美元	400万美元	67%
麦考密克论坛广场和溜冰场	500万美元	320万美元	64%
杂顶（围栏、屋顶和图案）	未申请	160万美元	
总计	2.243亿美元	4.824亿美元	215%

数据来源：芝加哥论坛

但它的成功也并非偶然，原因可以分为三个方面：

首先，广泛宣传，扩大影响力，树立认同感。政府组织成立了千禧广场集资委员会，隶属芝加哥文化机构。成立初期，集资委员会希望通过"拍卖"的方式来筹集资金，但千禧广场作为城市公共环境中的开放空间，操作起来十分局限，没有得到执行。后来，一方面通过集资委员会的广泛宣传，将芝加哥的历史和千禧广场捆绑结合在一起；另一方面，集资委员会联合私人捐赠机构对千禧广场的设计组织进行国际招标，让参与捐赠的私人机构派代表实际参与到设计方案的征集和评比当中，从而扩大宣传的国际影响力。

其次，应归功于芝加哥逐步走向完善的私人捐赠机构。虽然美国政府对城市文化机构的经费投入逐年减少，但芝加哥的文化机构却不断发展壮大，这为千禧广场的经济支撑提供了组织保障。

最后，政府对"公私合作"的基金筹措方式进行了持续性的完善和发展，依托千禧广场为捐赠机构带来实质性的宣传和福利。例如，通过在千禧广场的内部设施中进行"冠名权"授予，允许捐赠机构在专设构筑物上留名，不定期地在醒目位置放置捐赠者和赞助商的名称及标语等。除此之外，千禧广场每年都会定期在夏、秋两季邀请世界各地知名乐队、交响乐团、私人文化机构等举办音乐会和展销会，捐赠机构可以得到这些活动在价格和场次等方面的优惠，通过这样一些福利优惠政策使合作达到可持续的效果。

通过政府与社会各界的共同努力，2004年7月16日千禧广场正式对外开放。芝加哥千禧广场作为为大众提供休闲游览观光场所的城市开放空间，最初由城市交通部门负责，随着项目开展的逐渐深入和开发性质与定位的不断调整，管理权移交至城市公共建筑委员会。如今千禧广场由芝加哥文化事务部下属的一个分部集中管理，管理机构隶属于美国政府。广场设置严格的宵禁时间，一般为23:00至清晨6:00，广场的宵禁管理与安全保障由芝加哥城市警察负责。千禧广场的营运也经历了一个变化的阶段，起初由MB房地产公司负责，该公司能够为城市提供日常物业管理、房地产经纪和相关咨询服务；随着千禧广场营运范围不断扩大以及所需的服务质量要求不断提升，从2006年5月起，千禧广场的管理机构开始为广场营运公开招标专业的物业公司，目的是让千禧广场形成更具有品质的服务管理体系。

在商业经营方面，按照1909年伯拉姆的芝加哥总体规划，芝加哥中心区的湖滨地区是公共开放且免费的区域。因此，千禧广场不收取门票，商业收益主要来源千禧广场所产生的聚合效应，将公园休闲、文化展示商业、停车设施进行捆绑。具体收益来源主要包括：音乐厅、剧院的演出承包费，周边餐饮，租赁沿湖游玩设施，公共地下停车场，承包各种文化娱乐艺术活动，如婚礼、城市庆典、艺术展览等。公众和社会机构可以通过千禧广场的官方网站查询到具体的价格费用、详细的服务内容以及注意事项。

千禧广场建成后其运营活动的持续性与吸引力离不开政府在建设与运营方面进行的明确职责划分，"千禧广场股份有限公司"的设立，将更多的决定权交给更专业的团队和艺术家，开展活动与公共艺术项目的组织、策划。

五、多维并举，打造芝加哥的新时代

千禧广场对芝加哥城市的影响可以划分为三个维度：在宏观层面，按照芝加哥总体规划的原则，通过再造、改善、保留相结合的更新方式，形成完整的城市更新策略；在中观层面，通过大型城市公共空间规划项目，将具有不同属性的公共艺术作品进行合理布局；在微观层面，提升公众参与度与体验感，通过持续举办各种形式的艺术展览与人文活动以产生激活作用。

1. 宏观维度：带动区域发展，促进城市更新

"再造"是一种惊喜与挑战并存的城市更新方式。在呈现效果上，"再造"具有全新性、颠覆性、彻底性，能够为城市的彻底转型提供可能。但同时，它所创造的更新结果是自然且未知的，意味着要承受更大的风险与挑战。选择这种方式的原因往往是目标区域中的建筑、景观、生态等城市要素已经在一定程度上抑制了城市的良性循环与健康发展，通过这种方式可以快速、直接地从本质上对目标区域做出新的功能划分与结构调整。

"改善"与"再造"相比更为温和，具体实施方法是保留目标区域的基本功能属性和结构，将目标区域中需要调整的部分在现有基础上进行升级更新。"改善"由于具备难度小、成本低、风险弱的特性，能够在短时间内快速产生明显效果，在前期的发展中带来显著的文旅收益，是目前我国较为主流的做法。但由于它并没有从本质上改变目标区域的发展结构，实施的更新方案也大同小异，缺乏特色，因此，对城市长期发展更新的内在驱动力也较弱，经济文化效益也尽显疲软之势。

"保留"作为一种保护措施，主要针对具有重大历史文化价值的区域与建筑，通过人为手段减少日后的干预与破坏，赋予区域或建筑一种稳定的力量，尽最大可能保留其原始风貌，维持现状。由于对"保留"对象有一定的要求和限制，"保留"方法也具有稳定性，因此它能够为城市带来的外在驱动力也是相对较弱的。

在通过千禧广场促成城市更新的过程中，主要采用城市再造与改善相结合的方式，将千禧广场所处位置原本破败不堪的设施与建筑进行拆除，将停车场区域进行一定程度的改善。采用土地使用"集约化"与建立立体城市交通网络的方式，最大限度地利用千禧广场的建设面积进行设计规划和整体布局。在 9.9 公顷的土地上，将千禧广场建设成集能够同时容纳 2500 辆汽车的停车场、1525 人的室内剧场、11000 人的半室外剧场、约 2 公顷的劳瑞花园等一系列"明星工程"于一体的多功能集成性空间。同时，通过搭建立体城市交通网络，将步行、骑行、公共停车、城市道路以及铁路有效分离（图 14）。据统计，改造后的千禧广场透水的区域约为 4.8 公顷，整个公园的绿化覆盖率能够达到 50% 左右，周边土地的经济效益增长 26% 左右。

2. 中观维度：产生聚合效应，激活空间效能

在中观维度，芝加哥千禧广场作为城市改造项目，总设计师对千禧广场内部的众多公共艺术作品进行统筹规划与考量，将艺术性、公共性、科技性、服务性、人文性等特征进行有机结合；在规划布局中突出主体，保持协调的作品尺度；在搭配组合中体现张弛有度的节奏感，注重动静结合；在功能作用上突破单一属性，形成立体空间功能体系。最终使多个风格迥异的公共艺术作品能够在一定空间内形成合力，产生聚合效应，将千禧广场打造成芝加哥的重要磁场，

图14　地下车库入口（左）、自行车停放处（右）

持续释放空间效能。

　　千禧广场最初的总体规划由全球知名的 SOM 建筑设计事务所起草。虽然该公司所提供的设计方案由于造价过高，远远超过政府的建设预算而没有被采纳，但也为千禧广场后期的规划建设提供了可参考的依据。方案当中的精髓部分，如公园的进出入口、滑冰场地的设置、看台区的大草地、雕塑风格定位和需要对公众保持开放性等具有价值的设计原则还是被忠实、有效地保留了。芝加哥政府召集了来自世界各地的设计师、规划师、建筑师以及雕塑家们，给予设计者充分的自由度和灵活的空间去创作、想象，在总设计师弗兰克·盖里的整体把控下，汇集了集体的智慧和力量，形成了整体协调又丰富多元的公共开放空间。

　　在设计规划中，并没有因为要将千禧广场打造为一个绿色城市的开放广场而将原有属性彻底消除，区域内一部分旧的功能得以保留，新的功能又得以补充。观看演出、展览，参与多种形式的人文艺术活动是千禧广场日常运营中的主要活动，观演场所以其独特的艺术魅力起到强化场所效应、促成场所生命力的作用。杰伊·普里茨克半户外音乐厅以音乐演奏为功能，皇冠喷泉以增强公众参与、提供室外休闲娱乐空间为主旨，"云门"雕塑以奇妙的互动性与科技美感为特征，而劳瑞花园则以为公众在闹市中建造一处静谧绿洲为初衷。其他的景点如麦考密克论坛广场会根据季节进行功能调整，夏季是室外烧烤与室外展览的绝佳选择，冬季则成为对市民免费开放的公共室外溜冰场（图15）；波音画廊着重用于进行公益作品的展示；摩根大通长廊运用雕塑做点缀，增强艺术氛围。

3. 微观维度：树立品牌价值，增强民众体验

　　正如芝加哥市长戴利所说："公民性格比经济收入更重要，这使得芝加哥变得特别。"自千禧广场正式对外开放至今已过去近 20 年，世界在不断更迭创新，芝加哥的千禧广场也在跟随世界的发展而变化，散发着独特的艺术魅力。树立千禧广场的品牌价值，能够增强芝加哥市民的城市认同感，凝聚民众的向心力和体验感。对于芝加哥来讲，千禧广场已成为一张独特的城市名片，是芝加哥迈进绿色休闲城市的通行证。

　　千禧广场实现了人与城市的联结，这种联结是富有情感、稳定、持续的。对于本地市民来

图 15　麦考密克论坛广场（左：夏季，右：冬季）

讲，千禧广场是能够让人休闲娱乐与放松身心的公共性市民广场，为本地市民提供了展览参观、演出观赏、家庭聚会、活动宴会的场所和机会以及休闲、散步、娱乐、餐饮、艺术欣赏、租赁存放等全方位的服务，以此倡导践行"平衡、积极的生活方式"。如此多样化的场景使场地资源和服务内容得到了最大限度的利用和丰富。

对于外地游客而言，"云门"雕塑与皇冠喷泉等具有独特艺术特征的设计作品在社交平台广泛传播，使千禧广场成为芝加哥旅游必去的打卡地与具有城市标志性特征的区域。千禧广场将艺术作品与市民生活紧密联系在一起，人们不再需要仰望"艺术"，可以与艺术平等地对话，建立了一种全新的艺术沟通机制。

千禧广场的人性化体现在为残疾人士所提供的细心、周到的无障碍设计上，进而为他们提供了与艺术和自然密切接触的机会，这样事无巨细的设计态度在杰伊·普里茨克半户外音乐厅与 BP 天桥的设计中都有所体现。无论是楼梯附近配置的残疾人士专用楼梯，还是卫生间内的残疾人专用卫生间，设计师都充分考虑到了残疾人参加娱乐活动时的需求与体验（图 16）。

图 16　无障碍入口（左）和无障碍坡道（右）

据统计，千禧广场每年有近 500 个免费向市民开放的公共艺术项目，这些活动吸引着大量当地市民及来自世界各地的游客。据不完全统计，自 2001 年起，由于千禧广场修建落成，芝加哥增加了 47% 的游客，同时对周边服务业态的迅速发展产生了极为直接的影响，从 2005 年到 2015 年的十年间，芝加哥有近 1.4 亿美元财政净收益增长。

六、启示与策略

1. 政府引导，促进区域发展

千禧广场是促成芝加哥城市转型的关键性项目，它落成后所产生的积极作用不仅促进了区域的发展，而且标志着芝加哥从一座重工业城市成功转型为绿色休闲旅游城市，这一切都离不开芝加哥城市政府在建设千禧广场项目上的决心与举措，也离不开对设计效果的执着与对设计品质的坚持。

在设计方案的选择中，政府呼吁全社会广泛参与、集思广益；在资金筹措方式上，政府采取了"公私合作"的创新形式，解决了项目资金紧张的关键问题；在项目实际建设过程中，政府给予了总设计师和艺术家们灵活的自由度和较高的权限；在项目落成后，政府主张成立专门的运营团队，通过活动运营与品牌宣传不断激活这片区域，为城市发展与更新持续地带来积极效应。政府成为项目落成背后的有力支撑，使得千禧广场在规划与建设阶段虽然历经种种"磨难"，但最终依旧以相对完美的姿态展现在世人面前。时至今日，芝加哥千禧广场依旧能够为这座城市带来长久稳定的积极作用，每年有数以万计的游客来到千禧广场，体验公共艺术作品所带来的乐趣，以全新视角感受芝加哥城市文化中的钢铁元素（图 17）。

图 17　海瑞斯音乐及舞蹈剧院

图18　夏季皇冠喷泉的热闹景象

　　通过芝加哥千禧广场，我们能够看到政府在推进项目全阶段所产生的积极作用。政府站在宏观角度，整合当地资源，以结果为导向，明确项目目标，把握项目方向，为项目的落成与运营提供完整的策略与规划方针，所产生的结果也必然能够为区域发展和城市转型提供实际有效的促进作用（图18）。

2. 以人为本，营造共享互动

　　千禧广场所体现的"以人为本"理念，是指在空间层面最大限度地考虑人的行为方式，体谅人的情感，关怀人本身的各项需求，高度关注不同群体的行为特点，重点分析老人、儿童、行动不便者及社会弱势群体的真实需求，以此作为人性化设计的出发点，使不同年龄、背景、种族、信仰的人们都能够在这里获得能量、收获快乐，共同营造一处悠闲自在的乐园。

　　千禧广场所营造的公共空间是具有持续活力的，形式各异的公共艺术作品赋予了人们休闲、娱乐和社交的多种选择与体验，促成了广场内基本用途的混合与交织，这些功能能够吸引并留住人流，带动人们使用共同的设施。当人们聚集在一起进行体验与互动时，艺术家们所渴望营造的共享互动场景就形成了，而多个互动场景的形成能够带动他们形成良性的互动关系，以此形成千禧广场整片区域独一无二的属性与特征。而当人们离开千禧广场时，记忆里所留下的不仅有杰伊·普里茨克半户外音乐厅设计的巧妙、皇冠喷泉的趣味性（图18）、"云门"雕塑的古怪、劳瑞花园的静谧、多处细心周到的无障碍设计，还有千禧广场所营造的独特场域氛围，以及在体验与互动中所产生的愉悦与欢乐。对于城市公共空间来说，这一点十分重要。

3. 持续发展，形成良性循环

千禧广场不仅是公共艺术对于促进区域更新与城市转型的成功范例，而且其在落成后的运营与发展中真正做到了空间可持续、功能可持续、体验可持续（图19）。

图19　千禧广场户外空间

空间可持续体现为对空间场景的高频运用。不管是"云门"雕塑还是皇冠喷泉，它们所营造的空间场景都是在不断发生变化的："云门"雕塑通过金属表面反射出当下的天气、景色、人群、建筑，人们通过拍照等方式将独一无二的场景实时记录下来；皇冠喷泉通过人们的驻足观看或孩子们的嬉戏玩耍，构成了独特有趣的空间场景。功能可持续体现在千禧广场建筑与设施在功能运用方面的延续与发展，例如杰伊·普里茨克半户外音乐厅以持续性丰富多样的艺术演奏活动，形成了音乐厅的内在生命力；BP天桥通过具有倾斜角度的光洁桥面设计，为实现步行与骑行功能提供支撑。体验可持续一方面体现在后期运营过程中，通过组织、策划不间断的形式多样的人文活动，增加公众参与感与体验感；另一方面体现在每一次公众与公共艺术作品"对话"的过程中所产生的反馈与感受。

空间、功能与体验三者的可持续性发展将潜移默化地推动着千禧广场中的公共艺术作品进行创新与优化，形成良性循环。可持续发展这一设计理念，也应作为现代社会区域发展与城市更新过程中放在首位的关键性课题，将决定能否在有限的资源与土地中，最大限度地对城市转型提供实质性帮助，为城市发展带来长足稳定健康的促进作用。

七、结语

正如芝加哥市长戴利在献辞中所说，千禧广场是献给芝加哥人民的一份礼物，是对芝加哥悠久建筑史和艺术史的永久纪念。它将激励子孙后辈带着这份丰富的建筑和艺术遗产继续前进。

参考文献

[1] 陈慧云 . 公共空间设计的典范 [D]. 南京：南京航空航天大学，2012.

[2] 周虹 . 芝加哥千禧公园：城市滨水空间的开发实例 [J]. 南方建筑 ,2006(2): 109-110.

[3] 霍姆伯格，刘承恺 . 钢铁的四种运动：芝加哥千禧公园的生命建筑 [J]. 世界美术，2017(3): 23-28.

[4] 石宇琳，曹磊 . 以艺术为导向的城市更新策略研究：以芝加哥千禧公园为例 [J]. 美术教育研究，2020(23): 84-85.

[5] 张犇 . 芝加哥千禧公园"云门"的设计特色及启示 [J]. 装饰，2011(7): 68-69.

[6] 张犇 . 互动性公共空间设计的典范：芝加哥千禧公园皇冠喷泉 (Crown Fountain) 的设计特色谈 [J]. 南京艺术学院学报 (美术与设计版)，2011(4): 148-151.

[7] 张犇 . 芝加哥千禧公园的设计特色分析 [J]. 创意与设计，2012(6): 71-76.

[8] 岳华 . 城市公共空间之市民性的思考：以美国芝加哥千禧公园为例 [J]. 华中建筑，2014,32(11): 109-114.

[9] 徐国斌，鲁琼 . 城市公园建设的国际经验及启示：以美国芝加哥千禧公园为例 [C]// 中国城市规划学会规划创新：2010 中国城市规划年会论文集，2010:5450-5460.

[10] 高畅 . 芝加哥千禧公园：开启芝加哥城市转型的新篇章 [J]. 城市环境设计，2016(4): 438-441.

[11] 陈慧云 . 论城市公共空间的规划创意：以芝加哥千禧公园为例 [J]. 美与时代 (上)，2012(1): 61-63.

壁画之都费城：一个成功案例的分析报告

王　钋／中国壁画学会办公室主任

　　美国费城（Philadelphia），是一个夹在纽约和华盛顿之间的美国东海岸老城，一个早已开始蜕变进程的现代大都市。20 世纪中叶费城的重工业已然衰落，移民、失业、城市老化等问题已经将费城的部分街区变成了涂鸦遍地、治安堪忧的地方。费城的休闲事务局（The City of Philadelphia Department of Recreation，主管公共文化休闲类事务，如举办音乐节、维护公园等，比较类似我国的文旅局）在其职能范围内，开展了一系列的文化建设工作，启动包括雕塑和壁画在内的公共艺术，以及对美术馆、博物馆进行投入。

　　费城是美国最老、最具历史意义的城市之一，它的年龄甚至超过了美国，有一本书就叫作《第一费城》（Fhilly First）：两次大陆会议在此召开、"独立宣言"在这里通过、第一部联邦宪法诞生于此……作为美国曾经的首都，费城拥有太多美国"第一"。但是随着产业更替，费城也和所有旧工业城一样，不可避免地进入了蜕变与更新的进程。距离纽约 1.5 小时（火车）车程，距离华盛顿 2 小时（火车）车程，这可能正是费城的问题所在——它总是在美国的政治中心与经济中心之间摇摆不定，无法真正在这两个显赫的邻居之间找到自己的定位。它既没有波士顿老街区那样安详、高雅的面貌，也不像纽约那样神采奕奕、荣光四射，更体会不到曼哈顿的快节奏。正如这段话所说：无论在 20 世纪中叶还是今天，费城都不是一个光芒万丈的城市。它有很多问题，至今也存在破败的、问题重重的街区。费城是美国第五大城市，夹在纽约和华盛顿之间令它毫不夺目，但费城保持着一个现代国际化大都市的水准，拥有繁华的商业中心和富裕的生活区，生活成本相对纽约和华盛顿来说也更低。虽然存在着聚集移民的贫困区域和深陷毒品困扰的街区，但这些地区并非主流，费城绝不是一座需要重建的废墟之都。之所以不惜笔墨来解释这个问题是为了本文的核心目的——充分地理解费城壁画项目。费城壁画项目并非由一个主持城市重建的特殊机构引导，而是由主管文化休闲事务的政府部门来负责。不是政府发明了"用艺术和文化"去重建废墟，而是政府的文化部门充分发挥了职能部门的能动性，利用好城市既有禀赋，通过艺术手段担负起了城市建设、城市发展的责任（图 1）。

图1 费城

　　费城壁画项目是从 20 世纪 80 年代开启的，其目的是"反涂鸦"。在用壁画的办法之前，政府也曾经尝试过用简单覆盖和投入管理的方式控制无序的涂鸦行为，但是效果一直不好。直到 1984 年，时任市长伟森·古德（Wilson Goode）决心清除街头涂鸦乱象，彼时因病回家疗养的珍·金（Jane Golden，后文简称金）作为年轻艺术家得到聘任。这个毕业于斯坦福艺术与政治专业的年轻女性，在和涂鸦艺术家的合作中提出了"艺术引发改变"(we believe that art ignates change) 的口号，并用后续的 30 多年时间，证实了自己的想法。在这一口号中，"改变"并不仅仅指城市立面被改变，更多地指代人的改变、环境的改变。此后，在多方的共同努力下，这个项目得以发展成长并延续至今，费城成为"壁画之城"。这些巨幅的公共艺术品在城市中扮演的绝不是简单的美化和宣传角色，而是城市性格的一部分。MAP 费城壁画艺术机构（Mural Art Philadelphia，后文称 MAP）也成为通过艺术帮助解决社会问题的全球著名机构。这一项目为费城带来了很大改变，再次使费城得到了全球关注。无论从哪一个角度看，费城的壁画艺术项目都是一个成功的艺术参与城市塑造的超级案例。

　　尽管显得老生常谈，我们还是要从费城壁画项目的历史开始讲起。事实上，中国的相关专业人员在 20 世纪 90 年代就开始关注费城的壁画项目，已有若干文献为中国读者介绍过费城壁画，大部分文章聚焦于费城壁画项目的历史或者是详细介绍部分代表作品，再或侧重材料技法分析等。本书不对个案着力介绍，提及作品皆为说明举例。本书将从费城壁画的发展历史入手，逐步分析这个宏大项目的结构，以了解艺术项目在参与城市塑造中的成功法则，并发掘其可复制性。

　　如前文所说，费城在人们的印象里多少有点没落贵族的意思。但是经过多年在文化方面的努力，费城打造出历史文化名城、壁画之都、大学之城，并延续了它"友爱之城"的名片。回看 20 世纪六七十年代，经历了百年风雨与工业危机的费城，产业凋零、工厂倒闭、失业人员大幅增加，城市被涂鸦占领。MAP 作为反涂鸦网络（The Philadelphia Anti-Graffiti Network）的一部分由金在 1984 年建立，完成了一系列有影响的壁画作品，使反涂鸦的目标得以实现。并在社区互动、筹资等方面开展了创新，得到了广泛的认可。

　　MAP 的早期重要作品 *Dr.J* 对于费城壁画项目有划时代的意义（图 2）。艺术家肯特·崔切尔（Kent Twitchell）说服篮球巨星朱利叶斯·欧文（Julius Erving）将他画成西装笔挺的形象。刚落成的时候，担心它是否也会被涂鸦破坏掉，但欧文如此受人尊重，一周过去作品完好无损，壁画反涂鸦成功了。此后捐款和基金会也开始出现，MAP 步入了正轨。

　　1996 年，MAP 被费城休闲事务局重组，金被任命为执行董事，她继而成立了非营利机构费城壁画倡议组织（Philadelphia Mural Arts Advocates，后文简称 MAA），筹集资金以支持项目，自此 MAP 成为一个具有官方背景的文化机构。在政府支持、公众拥护和金的不懈努力下，MAP 成功延续至今，发展为一个运转良好的社会机构。现在MAP 通过创新合作，已经完成了 4000 多件公共艺术作品（这也是本书难以展开介绍作品个案的原因之一），并开展了关乎公众参与、艺术教育、法制重建、环保问题、

图 2　Dr.J（图片来自 Jack Ramsdale）

健康精神的开创性项目。2017 年又成立了知识共享壁画艺术学会（The Knowledge-sharing Mural Arts Institute）以帮助指导全球性的艺术实践。如今 MAP 有 72 名员工负责运营全年项目；MAA 董事会有来自各行业的董事 35 人，此机构承担了募集资金的重要工作；至今已有成千上万名志愿者参与过公共艺术的活动。今天的 MAP 已经从当年的临时任务组成长为一个重要机构，每年产生约 200 万美元的收入，费城的很多医院、企业、学校和个人都向 MAP 提出了合作申请，美国国内有 200 座城市向 MAP 学习经验，全球范围内有 12 座城市以费城为榜样，其中包括巴黎。

　　任何机构的成功运营都离不开工作人员的努力，创始人金在整个项目中，甚至壁画参与城市塑造这一领域里，都起到了引领作用。她所带领的员工队伍也被培训成了一个富有经验的紧

密合作的团队，她后续筹办的 MAA 筹款机构也团结了一众具有社会影响力的董事会成员。另外，项目的开启是由政府提出的，政府在其中也起到了决定性的作用。包括重组后的 MAP 归属于费城休闲事务局，成为一个有官方背景的机构，这也保证了项目的延续和演进。稳定的长期投入带来了今日的辉煌，这个已经持续进行了 36 年的项目积攒下巨量的艺术作品、广泛的参与人群和强大的影响力。以上任何要素的缺失恐怕都难以成就这样一个成功的案例。MAP 的口号在 1984 年提出，至今沿用，项目的范围逐渐扩大，深度逐渐加深，但是目标从未改变——用艺术给城市和城市中的人带来积极的影响，即"艺术引发改变"。

壁画在公众和社会中的作用，从费城壁画项目中得到了梳理和拓展，并在实践中得到了验证。MAP 设定其创作目的的时候，更多地考虑了公共需求和社会价值。从创建伊始，MAP 就格外重视艺术创作过程，对待创作过程甚至高于对结果的追求。项目强调在创作中联系社区和艺术家，用艺术实现社区对话，并探索解决社会挑战的方法。每年会有 50 至 100 个公共艺术项目持续进行，现有 5 个主题，侧重不同的方向，分别是公共艺术和公众参与（关注社区的公共艺术）、艺术教育、法制重建（关注重返社会人员的公共艺术）、廊灯项目（关注精神健康问题和智力残障的公共艺术）、环境正义（关注环境与社区关系的公共艺术）。从项目的关注方向上可以看出，费城壁画高度关注艺术的社会责任和社会功能，所有主题都围绕"问题"开展，并且多数议题都涉及弱势人群。MAP 被评价为是反汪达尔主义的，在公共艺术服务对象方面，费城壁画关注的是普通市民和弱势群体。在高度竞争、奉行自由主义的美国文化下，费城壁画项目关注公平与正义，为社会生活找回平衡。壁画的主题多数从社会现实问题出发，作品不回避问题，而且用艺术的手段将它们展现在公众面前，引导公众积极地看待，从而引发思考和改变。MAP 的公共艺术项目不仅仅有壁画，还有围绕壁画展开的各类活动和艺术体验，正因为这种延展和重视社会意义的理念，使费城壁画项目具有特别的价值。历史已经证明壁画在解决社会问题方面起到了实际作用，也得到了市民的认可，进而得到了国际性的认可。壁画每年进行的 50 ～ 100 个艺术项目，目前都被涵盖在这 5 个主题下，在此展开为读者介绍一下每个项目的内涵和外延。

（1）公共艺术与公众参与项目（Public Art and Civic Engagement）。字面上看很容易理解，即为将目光投向社区、强调市民参与的壁画活动。创作旨在启发社区居民对公共空间的所有权意识，鼓励社区居民改善周边环境。这一板块的壁画主题常为历史性的，目的在于提醒生活在此的人们："我们是谁，曾经如何，未来走向哪里。"（图 3）

图 3　各类主题的壁画

　　在这个主题下有个板块叫"特别项目"，这是一个为艺术创新设置的项目，这个项目更多地关注了未来壁画的形式和语言，关注新媒体、新方式和新思维。这一项目引入了更多艺术家包括国际艺术家的参与，作品也更加具有艺术家的个人特色。如果说多数的费城壁画是倾向民众的，特别项目内的公共艺术显得更倾向艺术表达（图4）。

　　另一个板块叫作"修复"，包括维护和修复街区已有壁画，对已经存在的上千幅重要作品进行评估和有序的维护及修缮工作，以每年修复 10 ～ 15 幅作品的速度进行，保证这些艺术作品的呈现和延续。最后一个板块叫作空中壁画（murals on the fly），就是用无人机在城市上空拍摄壁画，在一个新的角度观看、展示这些巨幅作品。每一个项目都会配备一个类似空中壁画的项目，通过不同的方式推广、宣传这些建成的艺术品。

　　（2）艺术教育项目（Art Education）。艺术教育项目的口号是"用艺术赋能青年成为领导者"（Empowering youth to be leaders through artmaking）。这一主题是将壁画艺术的教育价值凸显出来，围绕教育展开多种服务。艺术教育项目包含了很多板块：家庭课程，官网提供了学习资料和视频链接，可以在家学习壁画艺术；基础与创新板块针对 10 ～ 22 岁的青少年，需要进行申请，课程聚焦创造性表达和专题学习，包含一系列的课程。这一课程会有壁画实践的机会，比如春季艺术区的这幅壁画。这个项目令我感慨，因为即便在我国的专业院校中，也不一定所有学生都有壁画制作的实践机会。查尔斯·伯威尔（Charles Burwell）是费城本地的专业艺术家，他向两所高中的艺术生授课，讲授他的创作和表演艺术，并教授学生学习创建精准放大几何形状的办法，最终和学生们一起完成了这幅作品（图5）。

　　除了针对一般的青少年，还有专门针对问题青少年的教育——青年恢复实践（Restorative Practice Youth）板块，这一板块针对少管所和被寄养的青少年，用艺术给予他们好奇心、革新力和安全感，是一个为这群少年准备的艺术表达空间。第四个板块是艺术整合，这一板块由壁画艺术家与全市高中老师的合作，旨在改变教育环境。针对 14 ～ 18 岁青少年的"企业家"

图4　《水平》，作者沃吉尔·马特

图5　《无题》，作者查尔斯·伯威尔

图 6 "壁画动起来"在沃特维尔

（Artrepreneurs）板块，通过和艺术家及商业领头人一起上课发展他们的艺术才能，鼓励学生们设想并开创与艺术相关的小微企业，并在年度活动中不断展示。另有伴随疫情发生开展的名为"壁画动起来"（Murals on the Move)的板块（图6），在隔离的指定街道提供给成年人和孩子安全的娱乐空间，通过流动壁画、活动书籍和地面壁画三个活动来实现，在城市各个壁画中心（MAP 的社区店面）开展三周的壁画艺术课，团结社区改善公共空间。教育项目的最后一个板块是学徒项目，18 ~ 21 岁完成过壁画课程的学生可以申请壁画制作、艺术教育或商业方面的有偿暑假实习，专业人员会提供综合培训，包括写作、演讲等，学生可以通过网络获得工作机会。

（3）法制重建项目（Restorative Justice），是针对有过犯罪史或创伤史的人回归社会的艺术服务。项目非常有针对性地将目光投向了社会边缘群体，他们的理念是：帮助犯罪人员重返社会和融入社区生活比惩罚更有意义。"再设想重返社会研究"（Reimagining Reentry Fellowship) 板块启动于 2017 年，该基金选定受过司法影响（包括接受过司法惩罚或与刑事司法工作相关）的艺术家作为研究员，创造大胆的公共艺术作品以再设想费城的司法干预方式。项目的艺术家都像以下介绍的两位一样，很有针对性。杰西·克里姆斯（Jesse Krimes，后文简称杰西）是位有监禁史的艺术家，服刑的 6 年时间里他继续创作，并建立了监狱艺术项目，是这个项目很有代表性的艺术家（图7）。2014 年获释后，他联合 Soze 机构创立了"返回的

图 7　《正义肖像》，作者杰西·克里姆斯

图 8　《宣言》，作者德怀·贝茨与提图斯·卡普尔，北大街 150 号

权力"——全美首家以支持有监禁史艺术家为目标的团体。他的作品探索了权力、权威、制度、社会等级制度等。

项目研究员中也有司法行业的专家，如雷金纳·德怀·贝茨（Reginald Dwayne Betts，后文简称贝茨）。贝茨是一位律师兼作家，曾被奥巴马总统任命为少年司法和预防犯罪办公室协调理事会成员。这一项目以特定的参与艺术家为基础，创作了大量关注重返社会人员的作品（图 8）。

本项目内还包含有偿的重返计划——"公会"（Guild），给社会重返人员以及精神创伤人员提供有偿的做学徒机会，帮助他们学习技能、为工作做好准备，参与该计划的大部分毕业生都找到了工作或继续教育的机会。这组数据很有说服力："自 2009 年项目启动，参与人员一直保持着低于 15% 的重新犯罪率；费城一年的重新犯罪率是 35%；92% 的毕业生第一年没有再次犯罪；78% 的毕业生一年后就业或参加继续教育；项目每年为 100 名学员提供服务；项目支付给参与者的工资比联邦最低工资高 150%；宾州教管所每年节约 4470 万美金。"

在恢复性司法项目中，还设立了关注女性重返人员的板块，会考虑女性及其家庭的特殊需求，为参与者创造一个全面的安全环境。整个恢复性司法项目联合了大量合作伙伴，包括机构与个人，官方机构与私营机构。这一项目的大量支持者和强有力的合作伙伴保证了项目的完成度。以下为此项赞助人：艺术促进正义基金（ART FOR JUSTICE FUND）、强烈倡议基金（Fierce Advocacy Fund）、纽布尔家族基金（Neubauer Family Foundation）、匿名捐献者。伙伴机构有：费城控制管理办公室（City of Philadelphia Managing Directors Office）、费城监狱（Philadelphia Department of Prisons）、费城警察局（Philadelphia Police Department）、费城行为健康和智力障碍服务中心（Philadelphia Department of Behavioral Health and Intellectual disAbility Services）、费城安东尼区办公室（Philadelphia District Attorney's Office）、费城守护协会（Defenders Association of Philadelphia）、宾州第一法庭（The First Judicial District of Pennsylvania）、费城市政法院（Philadelphia City Court）、麦克阿瑟基金（MacArthur Foundation Safety and Justice Challenge）、可能世界（Able World）、自由（I'm FREE）、山可法治疗工作室（Sankofa Healing Studio）。其中艺术促进正义基金在第一批捐赠中向 30 个创新方案颁发了 2200 万美金，当然这 30 个方案并不都在 MAP 项目下，但依然可以推测项目的整体资金是比较充裕的（图 9）。

（4）廊灯项目（Porch Light）与费城行为健康和智力缺陷服务机构联合开展，关注费城的全民健康，特别关爱精神残障人士和行为不健康的边缘群体。项目的理念是通过手工艺术连接个体，治愈社区。这个项目与耶鲁医学院也开展了合作，由学院对廊灯项目社区开展研究，评估项目对个人和社区健康的影响，这个项目已经吸引到全美的国家基金会、公共卫生领导者和大学的关注。至今，在廊灯项目下完成了 40 件壁画作品，374 人持续参与活动两年以上，3000 多人参与了项目（图 10）。廊灯项目也下设了有偿劳动内容——"为我添彩"（Color

图 9　《迷宫》，萨姆·杜兰特 (Sam Durant)

图 10　《美好的日子》，廊灯项目

Me Back）。这个活动召集经济不稳定的人群和无家可归者参与艺术制作培训，给每位参与者3小时 50 美元的酬劳，以援助他们参与社会生活，内容包括在车站、地铁广场安装抽象艺术壁画，这些作品色彩明快鲜艳，表现费城的建筑、历史等。

　　除了艺术培训，项目还帮助这一人群发掘工作潜力，提供基本生活的帮助。此项目每天请 80 ～ 100 名参与过培训的人抽奖券，中选者将帮助设计和绘制壁画。28 周内，有 451 人参与了项目，发出金额超过 77950 美元。这个项目在 2020 年获得美国住房和城市发展部给予的"公共慈善伙伴关系奖"，以表彰本项目及支持者谢勒家族基金会与政府之间的创新伙伴关系，肯定了项目对于改善全国低收入居民生活质量的成果。疫情期间，廊灯项目与民族服务中心联合开展了制作口罩的活动，召集费城东南地区妇女为社区制作 3000 个口罩，采取买一赠一的方式，鼓励大家为这一项目捐赠，其中一半的费用将给予社区制作人员。这一项目还包含退伍军人服务板块。时代的更迭、战争的创伤、现实生活的窘迫等情况一直存在，美国的退伍军人需要被关注。詹姆斯·伯恩斯（James Burns) 的壁画作品为退伍军人引来了关注，壁画给予退伍军人一个讲述自己的机会，也令市民能够更深入地了解历史（图 11）。

　　MAP 有自己的实体艺术中心，其中一家叫作肯辛顿店，主推廊灯项目。这个社区就是最近网络疯传的"费城僵尸街"。艺术中心有固定的社区活动，提供音乐、课外艺术和健康项目服务，为弱势群体提供制作艺术品的机会，更多重点放在争取吸毒人员的改变，进而改善社区的目的上。2021 年这里还发起了社区策展人项目，策划一系列社区服务和文化活动。肯辛顿社区的情况令我感到匪夷所思，过多的吸毒人员、流浪人员和明目张胆的毒品交易给社区造成了很坏的影响，政府却表示无能为力。MAP 这样的半官方机构试图靠艺术来解决这样艰巨的社会问题，感觉很难起到实际作用，但是他们还是行动起来了。《这个小小的店面能拯救费城被毒品蹂躏的社区吗？》《用绘画打败毒品：壁画艺术在毒品泛滥的中心开设商店》《艺术家们的门廊灯点亮肯辛顿》等社论文章关注了这个项目。经过翻阅大量相关新闻和资料，我终于理解了试图依靠壁画解决这样棘手的社会问题的逻辑：当一个社区环境糟糕的时候，它会吸引更多糟糕的人和糟糕的事件，形成恶性循环。反之，改善环境，用设计和艺术将环境变得美好，用活动和培训来吸引好人来到社区，吸引渴望改变的人加入社区，那么最终会得到一个正向的

图 11 《美国画像》，詹姆斯·伯恩

图 12 《穿越是唯一通路》，作者 Eric Okdeh

循环。这个项目从 2018 年开始，目前还没能杜绝毒品，但是这是我所知道的壁画影响涉及最难以想象却又最现实的领域，费城壁画项目拓展了我对壁画社会功能的认知。

《穿越是唯一通路》用浪漫的方式为困在毒品或不良生活里的人打气（图 12）。这个作品向这里的人们讲述，无论过去有多糟糕，人也要穿过这些障碍，既不逃避也不放弃，就像要从水中出来呼吸一样，穿越是唯一的路。另外两个实体艺术中心是根据费城区域的特点开展的，"东北通道"（Northeast Passage）在费城的东北区域，这里聚集了来自中国、韩国、海地、多米尼加、叙利亚、阿富汗等国的移民和难民，艺术课程围绕他们的传统和经历开展。另一个艺术中心叫"东南的东南"（Southeast by Southeast）依旧是倾向移民的艺术社区中心，这里的艺术家、志愿者和邻居提供从缝纫编织到英语学习等一系列服务，改善邻里关系，令居住在此的人找到归属感。

（5）环境正义（Enviroment Justice），或许更应该翻译为环境关注。这个项目关注环境问题，关注人与环境的关系。此项目分两个方向开展：一种是直接来自社区的项目，如关注专业知识或者满足社区环境需求的项目；另一种是关注支持环境和气候保护的项目。这正是抓住了壁画的最大特点，与环境融合或依托现有载体重塑新的环境。这个项目内的壁画作品十分宜人，在大城市中关注自然总会令人感到愉悦，有一些有趣的项目令人印象深刻，如《拔出、种下》（图 13）是艺术家马林·伟森（Marion Wilson）在社区为培养孩子们学习生态知识和共建社区意识的作品。在学校区域内，艺术家和学生一起创作壁画，了解作品中的植物，甚至还开辟了小型种植景观区。

从 MAP 开展的项目看来，明确的创作目的、丰富的活动形式、众多的合作伙伴和有力的赞助支持令费城壁画项目非常有活力。这些项目持续延续，会随着问题发展并孵化新的项目，如 2020 年以来针对疫情开展的艺术项目。也许和创始人简·金的斯坦福背景有关，MAP 的支持者范围非常广，跨越了政治、商业、学术和社区各种领域的人，在官方网站上，随处可见募捐的入口。在五大项目分类下，每一个具体的板块都有相应的赞助人，就可查询的资助金额来看，项目都能得到资金上的保证，费城壁画项目大部分资金来自社会筹资，现在只需

图 13　《拔出、种下》，作者马林·伟森和学生

要政府进行很小的投入。

　　项目是 MAP 围绕壁画创作和艺术活动最核心的领域，配合项目的还有组织形式、募捐对象、政府沟通、社区沟通等一系列工作。为了更好地宣传自己，MAP 还专设了有讲解的壁画游览项目，票价 25 美元，每年有 7000 ～ 15000 人来参观费城壁画。MAP 还有自己的博客、自己的广播节目、前文介绍过的"空中壁画"这类宣传专栏，以及鼓励每一个公众参与的活动，它们都在为费城壁画和费城做持续的推广。

　　相较其他艺术，壁画有更明确的公众属性，费城壁画更强调了这一点。这是一把双刃剑，一方面由于公众的参与和关注，壁画的社会效应被放大了，它不是一个关在展览馆里的小众游戏。但另一方面，壁画艺术本身如何免于讨好大众而具备独立性、壁画艺术如何保持艺术的严肃性和艺术史范围的价值成为一个课题。费城壁画在近年的艺术项目中增加的特殊艺术板块，展现了对这一角度的思考和探索。随着包括 Keith Haring、JR、KWAS 等著名街头艺术家的崛起，以及他们对费城壁画项目的响应，或许可以期待，壁画这个领域在赛博时代会出现新的定义和发展。未来，会出现更具思考深度及探索性，同时又能唤起社会回应的壁画作品，就像 MAP 的灵魂人物珍·金在 35 年前说的："那些看轻壁画的艺术势利眼开始改变了。"

《风之梳》和圣·塞巴斯蒂安的城市复兴

杨　明 / 苏州工艺美院副教授

艺术是对文化的形象化表达，是城市文化符号的表征。本文结合笔者亲自考察《风之梳》等雕塑的经历与感受，对圣·塞巴斯蒂安城市的雕塑群及产生的时代背景进行分析，解读公共艺术与城市复兴的关系。圣·塞巴斯蒂安将自然环境和历史建筑作为城市复兴的燃料，将当代人文艺术作为城市复兴的催化剂，在时代火花的碰撞下，艺术项目创造出新的文化思潮，为城市发展注入新的生命力。以《风之梳》为代表的诸多杰出作品与自然和城市完美契合，成为经典之作，在世界上产生深远影响，为大众带来新的思维方式和文化理念，也为城市复兴提供了新的思路。

一、风与海汇合的地方

2020 年 2 月，在欧洲疫情还没有开始之前，我们正在西班牙北部小镇塞尔韦拉·德·皮苏埃尔加（Cervera de Pisuerga）驻地创作。冬天的西班牙北部虽然冷，但是经常阳光明媚、蓝天白云，远山白雪皑皑，正是出行考察的好时节。

西班牙北部有一个面积不大，但是十分特别的地区——巴斯克自治区（巴斯克语为 Euskadi，西班牙语为 País Vasc）。由于地处坎塔布里亚山脉北部，巴斯克地区与西班牙内陆的气候、风土人情、语言文化均不太一样。高大的坎塔布里亚山脉与西北部的比利牛斯山脉相连，共同将寒冷的北大西洋寒流阻隔在山脉北部，使得西班牙内陆与欧洲大陆相隔，反而与非洲较为接近。巴斯克地区更接近法国西海岸气候，较西班牙内陆更湿冷，辽阔的大海、凛冽的海风、汹涌的巨浪、巍峨的雪山、茂密的森林、如茵的牧场……这些大约就是巴斯克风光留给旅游者的印象。康有为曾经到过巴斯克地区，写下诗篇："亭亭旗盖出，森森金斧批。洞流泻绝底，浑灏黄河窄。浓姿若美人，容华倚天末。不知衡岱色，颇觉台庐索。"

我们驾驶着汽车，沿着盘山公路环绕而上，要从坎塔布里亚山脉南麓驶到北麓的大西洋比斯开湾海边。汽车随山路已经进入了层峦叠嶂之中，雾气中的松林宛若仙境。公路不宽，双向各只有一个车道，两侧矗立着两排大约三米高的标杆，杆上有反光条，如果是晚上行车十分醒目，汽车宛如在一条蜿蜒于山谷中的灯光巨龙中穿行。这就是这个地区独特的交通设施，为的是在风雪天气或大雾天气，驾驶员能轻松识别道路界限。

越过坎塔布里亚山顶，一路而下，风光无限好。从桑坦德（Santander）到毕尔巴鄂（Bilbo）再到多诺斯蒂亚 – 圣·塞巴斯蒂安（巴斯克语为 Donostia，西班牙语为 San Sebastian）都是沿海公路，特别是即将抵达圣·塞巴斯蒂安的几十公里，车就在海边山崖上的公路行驶，一侧是巍巍高山，一侧是蔚蓝的一望无际的大西洋，使人的心胸一下子开阔了，变得豪情万丈（图 1）。

圣·塞巴斯蒂安是一个毗邻法国的小城，虽然是西班牙城市，但是大多人说本地的巴斯克语，法语也非常普及。小城非常安静祥和，到处都是美食小店，海滩也十分著名。这里有一个独特的海湾——贝壳海滩（La Concha），因为形状像扇贝而得名（图 2）。海岸线有着贝壳般的优美曲线，细沙质地柔软，在 tripadvisor 评选的西班牙美最海滩中，贝壳海滩名列榜首。

圣·塞巴斯蒂安是一座建在海湾上的城市，这个城市的一切都与大海有关。大海将早期的渔民带到了圣·塞巴斯蒂安，他们在伊格尔多山下的海湾找到了自己的栖息之地；大海让纳瓦拉国王桑乔产生兴趣，颁布了《圣·塞巴斯蒂安宪章》，创建了这个城镇；大海吸引了伊莎贝尔女王来此疗养和度假，让这个城市渐渐繁华；大海的魅力吸引了全世界的游客，圣·塞巴斯蒂安国际电影节也在此举办；大海使雕塑大师奇利达重温儿时梦想，并在此创作了举世闻名的

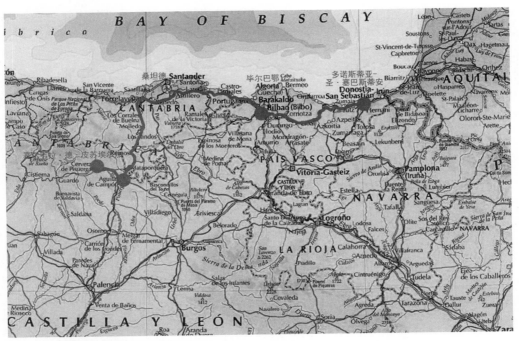

图 1　从皮苏埃尔加到圣·塞巴斯蒂安

图 2　大西洋的海浪
（摄影：杨明）

雕塑《风之梳》。大海是圣·塞巴斯蒂安的灵魂，造就了这个城市的传统和既往的繁华，也为这个城市定义新的文化魅力。

纳瓦拉王国（西班牙语：Reino de Navarra，巴斯克语：Nafarroako Erresuma，法语：Royaume de Navarre）是中世纪时期伊比利亚半岛北部的一个基督教国家，由巴斯克首领建立。桑乔一世在世时，与莱昂王国联合，打败了阿拉伯人，成为基督教强国。桑乔国王希望在北边的大西洋有一条出海路线，于是他在 1180 年颁布了《圣·塞巴斯蒂安宪章》，这一事件可以被认为是这个城市正式成立的标志。起初，圣·塞巴斯蒂安是个渔业小镇，主要产业是海上贸易与传统的捕鲸和鳕鱼捕捞。由于它的地理位置十分特别，不仅拥有大西洋的港口，而且处于法国及欧洲大陆通往圣地亚哥的必经之路上，这不仅推动了这个沿海小镇的经济和城市发展，而且还使其成为战争时期的战略要地。因此，它在 12 世纪成为一个军事重镇。

几个世纪以来，圣·塞巴斯蒂安遭受了无数次围攻，1719 年该镇被法国侵占了两年；1794 年，再次被法国人围困，直到 1813 年，圣·塞巴斯蒂安被英葡联军"解放"，他们烧毁并洗劫了该镇，只剩下几座房子残存，迫使圣·塞巴斯蒂安的人们几乎从头开始重建它。这几栋遗留的建筑就是我们今天所知道的老城区。

1845 年对于圣·塞巴斯蒂安来说是一个转折点。伊莎贝尔二世女王的医生建议她在这里的海滩沐浴，据说这里的海水可以治疗她的皮肤病。从那时起，伊莎贝尔二世每逢夏季就到这里度假，也带来了大批宫廷人员和达官显贵，这使到圣·塞巴斯蒂安避暑成为上层社会的时尚和社交活动。圣·塞巴斯蒂安由此声名大噪，城市需要发展壮大，城墙于 1864 年被拆除，随之而来的城市发展催生了科塔萨尔新区，即现在的市中心。这种状况一直延续到 20 世纪初，圣·塞巴斯蒂安经历了"美好年代"，成为游客欧洲上层阶级首选的旅行度假目的地。玛丽亚·克里斯蒂娜王后将美丽华宫作为她宫廷的夏宫，豪华酒店、赌场和剧院蓬勃发展。在第一次世界大战期间，富有的欧洲人到这里躲避战乱。直到 1936 年，西班牙内战致使经济萧条，战后的重工业化又导致城市发展走进了一段黑暗时期。

　　20 世纪下半叶，在世界恢复秩序、重建城市文明的时代背景下，圣·塞巴斯蒂安也在寻求自身的发展道路。在巩固了其经济和旅游潜力，并保留了自然和历史遗产的同时，大力推进了一批新的文化项目，打造了一批国际上卓有影响力的户外雕塑和公共文化品牌活动，代表性的文化项目包括圣·塞巴斯蒂安国际电影节，以及大量的公共艺术作品。这些新的文化元素的出现，造就了我们今天所熟知的自然、传统与时尚、现代完美结合的国际化城市圣·塞巴斯蒂安。

　　沿着圣·塞巴斯蒂安的海边走过去，海浪一阵阵拍打着岸边的礁石和巨大的混凝土防浪石，浪花四溅冲上岸堤，洒在游客身上，游客们不时发出欢快的尖叫声。在城市西北远离市中心的地方，就是翁达雷达海滩，这里背靠悬崖，北朝大西洋，海滩巨石林立。由于地处贝壳海湾的西北口，这里是一个风口，来自大西洋的狂风巨浪与山石在此激情碰撞，宛如大自然的交响乐，这里也是风和海汇入城的地方。在这里有一处举世闻名的公共艺术作品，这就是《风之梳》（西班牙语为 El Peine del Viento，英语为 Combs of the Winds)，我们来到圣·塞巴斯蒂安的主要目的就是探访这件具有非常意义的公共艺术作品和它的创作者，以及这件作品给一个城市复兴带来的影响。

二、钢铁的灵魂

　　钢铁雕塑《风之梳》是西班牙雕塑家爱德华多·奇利达（Eduardo Chillida，1924—2002 年）与巴斯克建筑师路易斯·佩纳·甘切吉（Luis Pena Ganchegui，1926—2009 年）于 1977 年合作完成的室外雕塑作品，伫立于奇利达的家乡圣·塞巴斯蒂安西北部的伊格尔多山下，翁达雷达海滩巨大的礁石上。这件作品包括三个用巨大的方形锻铁条制成的雕塑，状若铁钳，插入海岸的峭壁和礁石中，遥相呼应。

　　爱德华多·奇利达是西班牙当代最伟大的雕塑家之一（图 3）。他 1924 年 1 月 10 日出生于圣·塞巴斯蒂安，从小生活在他祖父母开设的海边酒店附近，海浪、海风、礁石就是他儿时伙伴。和许多西班牙年轻人一样，奇利达从小热爱足球，还曾经进入了西甲皇家社会队担任守门员，可惜膝盖受伤迫使他结束足球生涯，开始走上艺术道路。奇利达在 1943 年考入马德里大学，学习建筑，后来又因更加喜爱艺术，便放弃了建筑专业。但是我们在他后来的作品中可以看到，建筑学习经历还是在潜意识里影响着他的创作，后期越来越多大型抽象雕塑的落成，离不开建筑和空间感。

　　在西班牙内战（1936—1939 年）以及在独裁者佛朗哥胜利之后，西班牙艺术似乎开始倒退。从某种意义上说，20 世纪 40 年代西班牙艺术的特点不仅是艺术和文化活动很少，而且保守主

图 3　奇利达在创作中 1
图片来源: https://www.museochillidaleku.com/en/

义占据了主导地位。这种情况迫使这个国家的许多艺术家和知识分子流亡或移居国外。有一部分人决定与新政权合作，而其他许多人则并不愿意。一些更多是由政治原因而不是文化需求引起的强制性的文化交流开始了。

　　1948 年，流亡美国的豪尔赫·奥泰萨 (Jorge Oteiza) 回国，以及未来几年爱德华多·奇利达（Eduardo Chillida）和内斯托·巴斯特雷切亚（Néstor Basterretxea）等人的回归，让巴斯克地区的雕塑产生新的艺术冲动。与前几年相比，20 世纪 50 年代有望成为巴斯克艺术创作黄金年代。海外艺术家的回归，以及 20 世纪 50 年代的西班牙巴斯克自治区吉普斯夸省阿兰扎祖（Aranzazu）修道院修复的全国建筑竞赛项目，成为巴斯克地区乃至整个西班牙领土抽象雕塑真正复兴的要素。阿兰扎祖（Aranzazu）建筑项目汇集了整个巴斯克地区最重要的艺术家，包括建筑师 Sáez de Oiza、雕塑家豪尔赫·奥泰萨 (Jorge Oteiza)、画家内斯托·巴斯特雷切亚 (Néstor Basterretxea)、建筑师卡洛斯·帕斯夸尔·德拉拉 (Carlos Pascual de Lara)、画家 Agustín Ibarrola、玻璃艺术家 Fray Javier María de Eulate，以及在 1954 年加入该项目的雕塑家爱德华多·奇利达。20 世纪 50 年代艺术家的回归与融合潮流焕发了巴斯克地区的艺术生机，这样的交流也直接促进了奇利达的作品入选了 1958 年的威尼斯双年展，并逐步在国际上取得了成功。

　　锻铁艺术是巴斯克地区的传统，在巴斯克地区可以看到大量使用铁和木头制作的手工艺和工业产品，在这种社会环境背景之下，艺术家非常熟悉锻铁技术和操作流程。即使在我们驻地的坎塔布里亚山脉以南的乡村，也有许多锻铁艺术家，或者称之为锻铁手工艺人。奇利达在 1951 年回到家乡——埃尔纳尼的村子里，在当地铁匠的协助下开始了锻铁雕塑的创作，很快，他的画室就变成了一个铁匠铺。1954—1966 年，奇利达创作了《梦之铁砧》（Anvil of Dreams）系列作品，作品是以木头为模型，用厚金属直接锻造而成的。

　　我们曾经到访过西班牙很多金属艺术家的工作室，雕塑家从不把设计图或模型交给技术工人去完成，而是与技术工人（或者称之为助手）共同完成，雕塑家参与整个制作过程。虽然我们没有亲眼看到过奇利达的制作过程，但是，在 2016—2018 年，我们连续三年前往马德里和

图 4　奇利达和安装之前的《风之梳》
图片来源 https://bbs.zhulong.com/101010_group_678/detail41901820

加纳利群岛访问了另一位德高望重的雕塑家马丁·奇里诺（Martín Chirino），彼时他已经 90
多岁高龄，仍然带着助手在锻造工作室挥动巨大的锤子，完成他一件件杰作。

　　奇利达基于巴斯克锻铁手工艺传统的特点，实验、研究新的锻造工艺，以及金属氧化工艺。
奇利达的作品明显不同于大卫·史密斯（David Smith）或安东尼·卡洛（Anthony Caro）的作品，
因为后两者的工作方式更接近英美重工业元素，拒绝传统的工艺。1951 年，奇利达制作了雕
塑作品 Ilarik（在巴斯克语中意为葬礼石碑），它采用现代技术，和旧巴斯克炼铁厂中的传统
技术相结合，旨在开发新形式，以表达铁的物质力量和精神力量，又始终在艺术家合理的程序
下进行创作。这件作品具有强大的张力，你也可以看到铁受力弯曲时，内力和外力在相互对抗。

　　数十年来，奇利达大量使用这种铁质材料工作，有时会从旧农场中挑选铁质农具进行扭曲，
完成他的作品（图 4）。他引起了很多人的注意，作品赢得了多项国际奖项，夏加尔也曾经购
买了他早期的一件作品。1954 年，法国最著名的艺术品商之一玛格特画廊（Maeght）提出出
售奇利达的雕塑，从此，他成为玛格特画廊非凡艺术家阵容中最年轻的一位。其他知名的艺术
家还包括波纳尔、夏加尔、贾科梅蒂、考尔德、布拉克和莱杰。从此以后，他的名声和收入就
有保障了。为了增加销量，玛格特画廊要求奇利达制作用于铸造青铜的模具，这样他就可以复
制几个相同的雕塑。奇利达无奈地让步，翻出几件同样的青铜作品，但是他突然停了下来，对
妻子说，"这就像制作一双鞋。" 玛格特画廊警告他，如果他没有用青铜复制雕塑作品，画
廊展览的作品会不足。"你还年轻，"玛格特画廊说，"所有的艺术家都这样做。"但奇利达
依然固执，拒绝再次复制作品。结果，除了少数雕塑之外，他的大多数雕塑都是独一无二的。
也因为奇利达对作品唯一性的执着，以及对锻造铁质材料的追求，他的作品更加适合应用在大
型雕塑上，例如位于希洪的《向海平面致敬》。

　　但是，如果我们仅仅把奇利达当成钢铁艺术家，又失之偏颇，实际上奇利达不断地探索着
各种材料及其物理特性的世界，他先后尝试了石膏（早期具象作品）、铁、钢、木材、雪花石膏、
混凝土、熟料泥土、瓷器、纸等材料，只不过他的钢铁雕塑影响力最大，探索的时间最长，或
者研究得最深入。正如法国科学和哲学家加斯东·巴什拉（Gaston Bachelard，1884—1962 年）

图5　奇利达在创作中 2
图片来源: https://www.museochillidaleku.com/en/

所说，雕塑是为了彰显物质特性而存在的。创作这些作品的目的是将不同材料的物理特性在独特的空间关系中发挥到极致（图 5）。艺术家一旦选择了主题，就会汲取传统工匠的技艺并与最新的工业实践方法进行融合和创造。奇利达的作品是具有研究性和革命性的，他提出了"雕塑需要在物质和空间之间发生的干净和清晰的对话"这样的创作口号。

有人说，奇利达是构成主义的代表人物，或者当代最伟大的抽象雕塑家之一。这种说法源于 20 世纪上半叶立体主义、结构主义、构成主义艺术的纷纷出现，使雕塑艺术的形式语言脱离了内容而独立发展，艺术家从对题材的关注转向对结构、材料、肌理的关注。奇利达的雕塑从外在形式来看，完全符合构成主义雕塑的特点，其作品产生的时代背景也符合当时大的历史潮流，因此将奇利达看成是构成主义代表人物或者抽象雕塑家，是完全有依据的。但是，奇利达本人却反对他是抽象雕塑家的观点。相反，他称自己为"现实主义雕塑家"——他是一个不注重外表的现实主义者。奇利达的意思是他不试图描绘具体人物和事件，也不注重作品的外在形式，而是完全在展示自己想法和情绪，只不过恰恰他觉得这样的形式有助于更好地表现思想和情绪。奇利达的作品充满了动感和张力，巨大的钢铁或混凝土手臂或如欢迎，或如拥抱，或伸向空中，好似要抓住什么。正如雕塑《风之梳》，它是岩石的胳膊，它是大海的触角，它是钢铁的精灵，它是空间的乐章；它不是抽象的，它是具象的，但又是不确定的；它存在于那里，又不仅仅存在于那里；它是雕塑，也是建筑，更是一首空间的诗。

三、风之梳

如果说钢铁的灵魂就是奇利达雕塑的灵魂，那么这个灵魂最具代表性的作品就是《风之梳》。在圣·塞巴斯蒂安海边惊涛骇浪中，那几尊永远在与风浪抗争、共舞的雕塑，令每个人都为之惊叹，《风之梳》无疑是奇利达最伟大的作品。

《风之梳》是三个钢雕塑的集合，每个都超过九吨。这些作品被放置在城市结束和大海开始的地方，在那里海浪拥抱伊格尔多山的陡峭悬崖。奇利达将三座雕塑固定在岩石上，这样来袭的风就会不断地在拉孔查湾"梳理"。

在世界公共艺术史上,《风之梳》是一件具有独特地位的作品。但因其抽象的造型,没有故事性的表现内容,在中国的传播性和影响力并不是很大。《风之梳》的体量也不算十分大,不及纽约《自由女神像》那么宏大耀目,也不及罗丹的《思想者》那么家喻户晓,但是它成为艺术史上的一座高峰。这不仅因为奇利达深邃的思想和独特的造型,更重要的是作品与环境的完美结合,浑然天成(图6~图8)。

奇利达说:"我考虑的主要是时空,我特别喜欢表现宇宙间的神秘因素,像海、天、风、浪等这类事物,我从小就喜欢海,喜欢风。"

奇利达之子路易斯·奇利达(Luis Chillida)在回忆父亲的文章中写道:"1952年,当我父亲开始从事雕塑家的工作时,他做了他的第一件《风之梳》,当时他就已经想到了那个他常去的地方,想到在某个时候,这座城市需要获得它(指风之梳)。我父亲的心里一直留有这样一个地方,一个将成为城市重要一部分的地方,那是城市里一个失落之处,他多年来一直在思考、为那个地方想主意。在他职业生涯的早期,他很多的想法都无法开展,但在他的脑海中,他已开始在做一系列关于那个地方的研究和项目。"

这是海与风共舞的地方,狂风与巨浪肆意拍打着岩石,有一种放纵的感觉。自然与艺术交相辉映,雕塑作品仿佛从岩石和浪花中生长出来,成为岩石的一部分,也是大海的一部分。奇利达没有说过为什么将这件作品起名为《风之梳》,他认为这是一件开放的作品,每个人

图6　《风之梳》1
图片来源: https://www.sansebastianturismoa.eus

图7 《风之梳》2
（摄影：杨明）

图8 《风之梳》细部
（摄影：杨明）

可以自己来解读。作品在这里，风从雕塑的钢爪之中穿过，钢爪似乎要抓住风，又好像在为狂暴的风梳理着它桀骜不驯的头发。我突然又联想到蛇女美杜莎，有一天这位绝世美女来到伊格尔多山下的海边，与海神波塞冬私会。她的美丽让雅典娜感到嫉妒，于是将她的秀发化作无数条毒蛇，凡是直视她眼睛的人，都变成了石头。美杜莎无比愤怒，因而在大西洋边携

着狂风巨浪怒吼，她的蛇发，就像呼啸的风，终年在《风之梳》的钢爪间穿梭不息，似乎在挣扎，又或在控诉。海滩边的无数礁石，仿佛是忍不住想看她，却变成石头的人们，至今还立在海边，永远看着这一幕。

当大海汹涌澎湃时，《风之梳》成为独特的景观，最狂野的波浪在雕塑的尖齿间翩翩起舞，在摧枯拉朽的大风中挑战钢铁的力量，创造出无与伦比的表演。除了欣赏3座雕塑在海浪不断的冲击下岿然不动的身影，还可以风和海游戏，看海浪升起又落下，然后像间歇泉一样淘气地从广场的洞口中喷起。走路时一定要小心避开这些洞口，因为说不定某一刻，一股巨大的喷泉将会突然从一个洞口喷出而击中游人（图9）。

在20世纪60年代末，考虑到奇利达已经成为一个受社会高度关注的人物，几位圣·塞巴斯蒂安人聚集在一起呼吁向这位艺术家致敬。圣·塞巴斯蒂安的市政委员会花了10年时间才决定在一个对奇利达来说很特别的地方安放一组作品。的确，奇利达小时候经常逃到这个地方欣赏海浪和大海的奇观。

虽然我们在这里看到了3座雕塑，但奇利达实际上创造了23座《风之梳》雕塑系列。其中这座雕塑的原名是 *El Peine del Viento XV*，因为这件作品是这一系列中的第15座。这位艺术家于1952年就开始了他的雕塑系列《风之梳》，但直到1977年，他才创作出最经典的这组作品，并将其赠送给这座城市。在此之后，他仍继续设计，直到1999年，共创作了23件不同的作品。其中一些可以在马德里的雷纳·索菲亚王后国家艺术中心（Reina Sofía NationalArt Center Museum）、巴黎的联合国教科文组织大楼、和埃尔纳尼的奇利达博物馆中看到。毫无疑问，圣·塞巴斯蒂安的《风之梳》是该系列中最著名的，这里独特的环境与作品完美地融合，赋予了《风之梳》灵魂。

这座《风之梳》最初的想法是在岩石上镶嵌一个单体雕塑。但奇利达仔细研究了现场环境后，觉得如果设置一件单体雕塑，只会将人们全部的注意力吸引到一个点，无法将眼界扩展到外部空间；而设置三个雕塑，形成一组，雕塑、大海、岩石都统一在一个空间中，这样可以创造一个更加平衡和几何的视觉"整体"，也更加符合艺术家表现自然的主旨。前面有两件雕塑相对靠近，作为前景和中景，一前一后，一左一右，象征着现在和过去。其中靠近的一件在海中的岩石上，钢铁横向插入岩石中；另一件在山崖峭壁中横着生长出来，向着大海，也与第一件呼应；最远的地方有第三个雕塑，作为远景，代表着未来，它垂直于岩石和大海，似远方的灯塔，或一个钢铁巨人，坚毅而稳固地屹立在大海里，无论狂风暴雨，

图9　《风之梳》3
图片来源：https://www.sansebastianturismoa.eus/

屹然不动。

当奇利达将他的雕塑放置在岩石中时，巴斯克建筑师路易斯·佩尼亚·甘切吉在此设计建造了一个由粗犷的玫瑰色花岗石铺设的圆形广场（图10）。环绕着伊格尔多山的广场，错落有致地分成了高低不一的多个平台，好似罗马角斗场上的看台，从这里可以从各个角度欣赏到一场无比精彩又永无止息的表演：三把"梳子"与风浪，就如同三个钢铁的角斗士与风浪化成的猛兽在搏斗，甚至是与美杜莎在进行殊死决斗。并且，无论观者访问这里多少次，都不会看到两次相同的剧情。海浪、天空、风、钢铁和岩石反复纠缠、嬉闹，每时每刻都在创造出不同的画面（图11）。

凡是看到这件伟大杰作的游客，心中都会有一个疑惑：这么巨大的钢铁是如何安装到海中巨石上的？海岸是有着严格的环保要求的，雕塑完成后，岩石都不能遭受破坏。20世纪70年代，在没有大型起重设备的情况下和苛刻的环境条件下，安装如此大型的钢铁雕塑，是极其困难的。雕塑家之子路易斯·奇利达在赫尔纳尼的艺术家博物馆与伊克·吉尔(Iker Gil，建筑师、MAS事务所的总监)会谈时，谈及了安装雕塑的艰难过程：

奇利达和他的合作伙伴建筑师甘切吉原本的打算是从位于萨拉戈萨（Zaragoza）的美军基地调一架"奇努克"（Chinook）直升机进行吊装，但是没有那个吨位的大型直升机，根本无法长时间悬停在一处地方静止不动，雕塑也无法快速精准调校角度进行安装，这个方案被否决。另一个方案是从伊格尔多山上建一个钢架，将雕塑从山顶吊装下来，但是无法精准解决放置位置和角度问题。此外又考虑了使用木筏或者浮吊设备，但是该地区水浅而礁石多，风大浪急，船只根本无法靠近。最后，他们不得不采用最原始的方式，用钢管搭建脚手架的方式，从广场通往安放雕塑的礁石之间建造了一座临时的桥，并且在桥上铺设了轨道，架设了起重机。虽然

图10　在伊格尔多山的广场看《风之梳》
图片来源：https://www.sansebastianturismoa.eus/

图 11　惊涛骇浪中的《风之梳》
图片来源: https://www.sansebastianturismoa.eus/

图 12　奇利达和安装中的《风之梳》
图片来源: https://bbs.zhulong.com/101010_group_678/detail41901820

徒增了巨大的工作量，但最终总算平稳地安装完这三个巨大的钢铁"梳子"。在临时桥梁和所有的安装设备拆除后，海岸上恢复如初，只留下雕塑仿佛从岩石中自然生长出来（图 12）。

　　《风之梳》是奇利达雕塑的灵魂，也是钢铁的灵魂。在圣·塞巴斯蒂安这样一个老的工业城市，钢铁也代表着城市的灵魂。30 多年过去了，在风雨的洗礼中，雕塑变得锈迹斑驳，由内而外泛出独特而美丽的色彩。在这些作品中，奇利达使用了从最传统到最工业化的各种材料，三个雕塑的主体采用耐候钢制成，这种材料相比普通钢铁更为稳定，可以最大限度经受时间的考验，经受海水、阳光和风雪的侵蚀，而不至于被彻底摧毁。然而海水和海风的腐蚀能力是十分强大的，它们也是雕塑的第二作者。海浪夜以继日，一遍一遍冲刷雕塑，让雕塑饱经了风霜岁月，这反而真实地展示了时间的流逝和自然的转变，也解读了这个工业化老城如何通过艺术华丽转身成为一个充满活力的文化艺术之城。

尽管《风之梳》是一件算不上很大的雕塑作品，但是这件作品引领了后来大批艺术作品的潮流，也指引了圣·塞巴斯蒂安城市发展的方向。

四、从冶金重镇到露天雕塑博物

如今的圣·塞巴斯蒂安的老城区，遍布巴洛克建筑和雕塑。2007 年在《风之梳》落成 30 年之际，该市政府为纪念已故雕塑家齐达利，举行了隆重的庆典。并以此包装和推广，打造该市的城市品牌，从而圣·塞巴斯蒂安被称为露天雕塑博物馆。整个圣·塞巴斯蒂安城，随处可见雕塑和人文景观，漫步其中，人们可以感受到浓厚的文化艺术氛围，这些景观给这座充满自然美景的小城，增添了更多的人文气息。这让本来是一个战略要地，连年面对炮灰的城市，转变成了一座文化名城；从一个冶金重镇转变成一方旅游胜地。

艺术家的雕塑作品不仅给城市带来了人类与自然的融洽，也带动了其他产业的配套发展，带来了旅游业的兴起，由此，改变了整个城市的发展方向。这个仅有 18 万人口的千年古城，凭借弥漫在城市各个角落的文艺气息，每年吸引着数十万慕名而来的游客，成为欧洲的皇家避暑胜地。在此地还有除了柏林和戛纳电影节以外的第三大电影节——圣·塞巴斯蒂安电影节。圣·塞巴斯蒂安还是全球人均米其林餐厅最多的城市，吸引着全世界各地的游客到此，享受文化、景观与美食的饕餮盛宴。圣·塞巴斯蒂安之美吸引了众多国际会议在当地举行，城市旅游办公室负责人介绍说，在 2008 年国际金融危机阴影的笼罩下，小城依旧活力未减，主办了 84 次国际性和地区性会议，与会人次逾 2 万，比 2007 年多出 25%，每年还举办电影节、体育节、食品节、文化节等诸多文化活动。

一座千年古城，由此焕发了新的生机。虽然西班牙南部的人文和自然旅游资源相对更为突出，但是圣·塞巴斯蒂安作为西班牙最美丽的沿海城市之一，以其丰富的文化底蕴、悠久的历史、绝美的景观和各种精彩的活动，加上露天雕塑博物馆，也确实吸引了许多来自世界各地的游客，在整个西班牙旅游业中发挥着极其重要的作用。在 2019 年从 140 个国家中评选出的全球最适合旅游的国家中，西班牙连续三年高居第一，旅游业作为国家的重要经济支柱和外汇来源之一，其收入占总收入的一半，而圣·塞巴斯蒂安作为西班牙旅游排名前十的城市，更是贡献了一份优秀的答卷。

作为露天雕塑博物馆，圣·塞巴斯蒂安城市旅游局官方宣传的著名雕塑共有 50 座，表 1 列举了其中 20 件主要城市雕塑。

圣·塞巴斯蒂安主要城市雕塑　　　　　表1

序号	作品名	作者	材质	年代	地点
01	风之梳	爱托华多·奇利达	耐候钢	1977	Eduardo Chillida promenade (2-B)
02	Zeharki	José Ramón Anda	花岗石	1983	Ondarreta gardens (2-D)
03	Monument to Queen Maria Cristina	José Díaz Bueno	青铜	1942	Ondarreta gardens (2-D)
04	Effigy of Catalina de Erauso	Mikel Etxeberria	青铜	1993	Miramar gardens (3-D)
05	Tribute to the Basque Pelota Player	José Alberdi	青铜	1990	Gorgatxo square (3-E)
06	Monument to Pío Baroja	Nestor Basterretxea	不锈钢	1972	Pío Baroja promenade (3-E)
07	Stele for Rafael Ruiz Balerdi	Eduardo Chillida	耐候钢	1991	Pico del Loro (3-D)
08	Monument to Fleming	Eduardo Chillida	花岗石	1955	La Concha promenade (3-D)
09	Amanaria	Gotzon Huegun	大理石	2004	Rear terrace of Miramar Palace (3-E)
10	Tribute to Antxon Ayestaran	Koldo Merino / Bernard Baschet	混凝土、不锈钢	1988	Zaragoza square (6-D)
11	Empty Construction	Jorge Oteiza	耐候钢	2002	Paseo Nuevo promenade (4-B)
12	Monument to the Sacred Heart	Federico Coullaut Valera	—	1950	Mount Urgull (5-A)
13	La Pieta	Jorge Oteiza y José Ramón Anda	铸铝	1999	Church of San Vicente (6-B)
14	Antonio de Oquendo	Marcial Aguirre	青铜	1894	Oquendo square (7-B)
15	Herri Txistu Otza	Remigio Mendiburu	不锈钢	1975	La Libertad avenue, 1 (7-C)
16	The Cross of Peace	Eduardo Chillida	大理石	1997	Buen Pastor cathedral (6-D)
17	Stele	Ricardo Ugarte	不锈钢	1970	Centenario square (7-E)
18	The Dove of Peace	Nestor Basterretxea	不锈钢	1988	Aita Donostia square (8-H)
19	Ateak –Doors	Aitor Mendizabal	大理石、青铜	1996	Irun square (8-G)
20	The Silhouettes	Agustín Ibarrola		1984	Intxaurrondo. Gabriel Celaya square (12-D)

（杨明根据 https://www.sansebastianturismoa.eus/ 相关资料制表）

　　而在贝壳海湾海滨步行大道另一头，先锋派另一代表雕塑《空境》（*Empty Construction*）与之遥相呼应，它是另一位知名雕塑家豪尔赫·奥泰萨（Jorge Oteiza, 1908—2003 年）的作品（图 13）。1957 年，豪尔赫·奥泰萨开始创作这个系列的作品，获得了第四届巴西圣保罗双年展冠军。2002 年 10 月，圣·塞巴斯蒂安市政府委托雕塑家复制了这个系列中的一件，雕塑家亲自选择了这个面临大海的地方安放雕塑。这件雕塑由两部分高达数米的不规则立方体组成，由耐候钢锻造焊接，两部分分别重 12.5 吨和 10.5 吨，仿佛两只大手互搏，或是两人在嬉戏。人们可以靠近触摸和感受，在雕塑下穿梭，形成人与自然、自然与自然的隔空对话。

056

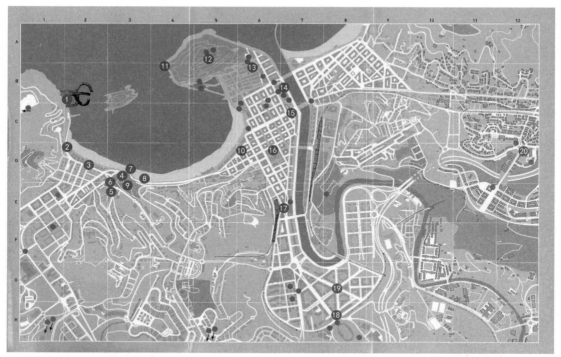

图 13　圣·塞巴斯蒂安主要城市雕塑分布示意图
（杨明根据 https://www.sansebastianturismoa.eus/ 相关资料制作）

　　尽管在大多数情况下，公共雕塑放置在街道、草地、广场上，但是由雕塑家雷米吉奥·门迪布鲁（Remigio Mendiburu，1931—1990 年）设计的这件作品却依附在建筑物的外墙。这件名为 Herri Txistu Otza 的作品，是由 12 个长度为 12 ~ 15 米以上的空心不锈钢管锻造焊接而成，它们缠绕蜿蜒曲折，仿佛是扭曲的树干或巨大的树根（图 14）。在门迪布鲁的手中，冷冰冰的钢铁材质被雕塑家激活了生命，工业感和自然性在此得到了完美融合。

　　圣·塞巴斯蒂安市议会于 20 世纪 80 年代末委托雕塑家内斯特·巴斯特雷克（Nestor Basterretxea）完成了这项具有里程碑意义的工作，作为这座城市对和平、自由和好团契。这位比斯卡亚雕塑家通过使用抽象符号捕捉到了这个想法和平，并创造了一件大型雕塑《和平鸽》（The Dove of Peace），雕塑为不锈钢锻造焊接，表面喷涂白色聚酯，通高 7 米，翼展 9 米。这座雕塑自 1993 年起就一直矗立于艾塔多诺斯蒂亚广场 Anoeta 体育场附近，展望前方的大海，似乎随时会起飞，雕塑犀利的线条与圆润的轮廓相结合，在城市天际线留下一个靓丽的剪影（图 15）。

　　在圣·塞巴斯蒂安的城市雕塑群中，虽然大师频出，但奇利达的作品仍然是最为重要的。除了《风之梳》外，还有至少 4 件公共艺术作品分布在城市四处。此外还有至为重要的奇利达博物馆——奇利达他在家乡附近的埃尔纳尼村（Hernani）购买了一座 16 世纪的石头农舍，这种类型的农舍实际上是西班牙北部乡村带有鲜明地域特色的建筑形式。农舍有 4 层，所占土地面积有 12 公顷，这恰恰是做一个私人博物馆和雕塑园的基本条件。奇利达将其翻新，仅保留

图14　*Herri Txistu Otza*，雷米吉奥·门迪布鲁（Remigio Mendiburu，1931—1990）
图片来源：https://www.sansebastian-turismoa.eus/

图15　《和平鸽》，内斯特·巴斯特雷克
图片来源：https://www.sansebastianturismoa.eus/

图16　Chillida Leku 博物馆内景
图片来源：https://www.museochillidaleku.com/en/

图17　Chillida Leku 博物馆雕塑公园
图片来源：https://www.museochillidaleku.com/en/

了木梁和顶楼部分结构，将其他很多空间打通，重新规划，陈列了120件中小型雕塑作品和素描。而户外则改造成露天博物馆，有大约42件大型铁质和花岗石雕塑（图16）。这个博物馆最终被命名为 Chillida Leku 博物馆，对于奇利达来说，这里寄托了他对家乡巴斯克和对自然、材料和空间的所有思考。博物馆自2000年起开放以来，陆续接待游客超过80万人，成为巴斯克地区参观游客人次第四多的博物馆，这不仅直接促进了圣·塞巴斯蒂安旅游业的发展，也带动了一批文化中心、博物馆兴起，对城市复兴起到很大的推动作用（图17）。

五、后记

太阳渐渐落下，余晖照耀着天边的云彩，留下一片红色的霞光，很快，晚霞就暗淡下去了。雕塑在海边留下了一个剪影，慢慢地，消失在海潮和礁石之中。夜幕下，告别圣·塞巴斯蒂安，也告别奇利达和他的旷世名作《风之梳》。

在弗兰克·盖里设计的西班牙毕尔巴鄂古根海姆博物馆开启奇利达回顾展时，展览策展人科斯梅·德巴拉菲亚诺在新闻发布会上说奇利达"是 20 世纪世界雕塑的三大支柱之一",他将另外两个确定为罗马尼亚的康斯坦丁·布朗库西(Constantin Brancusi,1876—1957 年)和瑞士的阿尔贝托·贾科梅蒂(Alberto Giacometti,1901—1966 年)。这无疑是将奇利达置于无比崇高的地位,而奇利达亦无愧于此荣誉。

2002 年,奇利达在故乡圣·塞巴斯蒂安去世了,但是他留给了这里太多的财富。《风之梳》成为圣·塞巴斯蒂安城市的名片,使这个西班牙北部边陲小城成为举世瞩目的国际文化艺术之城和露天雕塑博物馆。2016 年,圣·塞巴斯蒂安被评为本年度"欧洲文化之都"。

奇利达的艺术生命来自圣·塞巴斯蒂安,圣·塞巴斯蒂安也因奇利达的作品走上城市复兴之路,二者相互成就,成为世界艺术史和城市发展史上不朽的佳话。

参考文献

[1]   E M.EDUARDO CHILLIDA.Arte Y Parte October [J]. 2010.

[2]   Meisler,Stanley.The Poetic Vision of Spanish Sculptor Eduardo Chillida.Smithsonian[J]. 2000.

[3]   IS Gómez.Recordando a Eduardo Chillida desde Latinoamérica. http://razonypalabra.org.mx/anteriores/n39/isarri.html.

[4]   https://www.sansebastianturismoa.eus/en/to-do/what-not-to-miss/el-peine-del-viento.

[5]   https://www.donostia. eus/.

[6]   https://bbs.zhulong.com/101010_group_678/detail41901820.

[7]   https://www.museochillidaleku.com/en/.

日本艺术介入社区营造的实践、反思与启示：
以濑户内、越后妻有和黄金町艺术祭为例

王永健 / 中国艺术研究院艺术学研究所副研究员

引言

　　新世纪以来，中国经济腾飞，综合国力得到了极大提升。与之相伴的是城市化进程加速，大量农民工进城务工，农村人口大量流失，空心化问题日益严重。依托于乡村土壤延续至今的文化逐渐失去了传承主体，面临传承危机等一系列问题涌现出来，乡村成为有问题的乡村。同时，城市化的过快发展，社会环境的多样化，也引发了一系列的"城市病"。可以说，社区营造的对象不仅是乡村社区，也包括城市中的社区。从中央到地方都在全力寻找解决问题的办法，国家陆续出台了一系列关于"乡村振兴"和城市有序发展的政策法规，足见对这些问题的重视程度。在地方社会，有一些先知先觉的艺术家、建筑师、人类学家等走进乡村，身体力行参与到乡村建设中去，呈现出了一个又一个艺术介入乡村建设的案例。其中既有成功的案例，也有些不尽如人意。当然，这一切都处于探索阶段，仍有很多问题需要反思与探讨。以艺术作为手段介入社区营造是否可以成为一种可行性路径，是一个颇具挑战性和前沿性的话题，有学者提出了质疑："艺术介入社区营造是社区复兴的王牌吗？"当代艺术是否能够融入当地社区，并为当地人所认同；是否可以发挥全球化的效果；是否可以为当地人带来一些精神上的思考？这些质疑极具反思性，皆是艺术介入社区营造过程中值得思考的问题。要回答这些问题，不仅需要研究艺术介入社区营造的实践历程，也需要实证的田野调查。

　　在这样一个发展背景的基础上，笔者试图在世界范围内寻找一些国外的案例和经验，以给国内的艺术乡建提供可以借鉴的经验和启示。通过梳理文献发现，日本有意识地运用艺术的手段对社区进行营造起步较早，而且积累了丰富的经验，所做工作与中国当下正在发生着的艺术乡建较为接近。那么，日本的社区营造经历了怎样的一个发展历程？艺术介入社区营造的核心文化观念是什么？在社区营造的过程中是如何处理艺术、艺术家与社区、社区居民、文化的关系的？带着这样一些问题和思考，笔者申报了日本基金会 2019 年度"日本研究 Fellowship"

研究项目，有幸的是，提交的研究计划获得了日本基金会的支持。笔者于 2019 年 9 月 10 日至 2020 年 2 月 9 日赴日本关西学院大学，与日本著名社会学家荻野昌弘教授一起，就"日本的社区营造与文化遗产保护"课题展开了为期 5 个月的合作研究。期间，笔者查阅了日本学界关于社区营造研究领域的文献，并先后考察了濑户内国际艺术祭、越后妻有国际大地艺术祭、黄金町国际艺术祭三个艺术介入社区营造的实践案例，以期通过文献与田野调查相结合的研究方式来回答上述问题。

一、日本社区营造的发展历程

"社区营造"的概念诞生于日本，第二次世界大战之后，日本的市民或居民有效地利用本社区的资本和文化资源，在自组织模式下对社区进行具有持续性的营造活动，对战后日本的社区重建发挥了重要的作用。日本建筑学会曾对社区营造做了如下界定："社区营造是以地域社会既存的资源为基础，在多样化的主题参与和协作下，对居民自身附近的居住环境进行渐进的改善，旨在提高社区的活力与魅力，以实现生活品质向上提升的一系列持续的活动。"可以看出，利用社区资源对社区进行魅力再造和生活品质提升，增加社区居民福祉是社区营造的主要目标。为了更好地理解这一概念，现将日本社区营造的发展历程做一梳理。

1. 解决农村地区贫困和人口过疏问题的初期阶段

日本的社区发展是伴随着农业、工业和城市化进程而逐渐兴盛起来的，20 世纪 60—70 年代中期是日本经济高速增长的时期。1961 年颁布的《农业基本法》标志着日本农业现代化全面开展，并迅速在全国普及了农业机械化作业。机械化程度的提高解放了大量的农业人口，同时，工业化的发展吸纳了大量的农业人口涌入城市，高速发展的经济使人口越来越多地集中到城市，同时农村人口锐减，很多社区出现了人口过疏现象。相关研究表明：1955 年，日本农村人口占全国总人口的比重是 43.9%；到 1978 年，这一数字降至 24.8%；2017 年，日本的农村人口的比重仅为 6%，是一个非常低的数字，可见日本乡村社区人口过疏问题的严重程度。这与中国从 20 世纪 90 年代中期以来所经历的农业机械化程度提高，大量的农民工进城务工潮，农村空心化问题的出现是一样的。

在这样的背景下，日本政府提出了社区营造的理念，并于 1971 年颁布了《农村地区引进工业促进法》，吸引农业人口回乡创业。农业观光开始出现，很多乡村社区兴建了农业观光园、农业历史博物馆、农耕体验区等，吸引游客，使农民可以获得较为可观的收益。这些举措的实施，在一定程度上使社区的面貌得到了改变，乡村社区的人口稍显增长，但是并未从根本上解决问题。

2. 经济低速增长期重塑城乡关系、人与环境关系为导向的中期阶段

20 世纪 70 年代中后期至 90 年代，日本经济进入了低速增长期，主要原因是 1973 年爆

发的石油危机，使能源完全依靠进口的日本受到较大冲击，制造业成本提高，从而使日本的GDP 增长率一度出现了负增长，造成了经济整体大规模下滑。城市大工业的发展，带来的影响是人口继续向大城市集中，乡村人口持续下降，自然生态环境遭到破坏，造成了污染，人与环境的关系亟待修复。曾担任两年日本首相的田中角荣出版过《日本列岛改造论》一书，该书介绍了他对日本地方开发政策的基本观点。他试图通过用高速公路和新干线铁路等高速交通网络将日本全国连接起来，扭转产业、人口、文化过度向大城市汇聚的趋向，将发展重点转移到地方上去，推进地方工业化发展，重新布局全国工业发展格局，从而解决大城市人口过密和乡村人口过疏问题。透过田中的改造策论，我们可以很清晰地看到当时日本大城市过于庞大，地方城镇发展萎缩的城乡关系紧张状态，他试图通过路网联通的手段来改变现有的城乡格局，重塑城乡关系。

　　经济的低迷导致了消费的下降，也使日本的乡村社区再次陷入困境，大量的农业观光园、度假村等破产。日本政府开始反思产生这些问题的症结。同时，为了保障社区营造能够继续稳定地推行下去，日本政府陆续颁布了《市民农园整备促进法》（1990 年）、《农山渔村旅宿型休闲活动促进法》（1995 年）等法案，这些法案的实施以重塑城乡关系、人与环境的关系为导向，为社区营造提供了政策层面的支持和法律层面的保障。

3. 将举办"艺术祭"作为重振社区活力的新阶段

　　艺术与社区营造的联系始于 20 世纪 60 年代发起的"雕塑的城镇发展"项目，雕塑从美术馆的展览走向户外。自此以后，随着公共艺术的发展，很多艺术项目开始进入社区。2000年以来，日本各地以艺术为手段带动社区营造的案例数量飞速增长，各方媒体争相报道，引起了各界的瞩目，很多社区营造的案例往往被冠以"艺术祭""艺术节"①等名号出现，吉田隆之将艺术祭分为大都市举办的"都市型艺术祭"和偏远地域人口过疏化问题较为严重地域举办的"地方型艺术祭"两种类型。据统计，从 2016—2019 年举办的艺术祭中，事业费花费超过一亿日元的有 13 项。它们通过运用社区的历史、自然和文化资源，借助艺术的手段活化没落的社区文化，如一些人口过疏的社区和偏远的岛屿等所谓的边缘社区。主办方从世界范围内邀请当代艺术家入驻社区，并为这些艺术家提供空间和各方面的支持，让艺术家参与当地社区生活，与社区居民进行互动，他们在这里自由地创作作品，甚至有些作品是与社区居民合作完成的，作品完成后通过艺术祭进行集中展示，以此为手段吸引海内外的游客前来观光。

　　同时，伴随着旅游观光产业的发展，相关产业链开始形成，餐饮业、娱乐业、特色农产品行业等迅速发展起来。这些社区均生产当地特色的产品，有些产品是限定产地销售。由于地方特色鲜明，这些产品往往备受游客的青睐。可以说，产业振兴带动了地区振兴，通过消费活动促进社区再造，激活了地方产业，提升了生活品质，达到了重振社区活力的目的。当然，值得注意的是，这一切的有序运行依赖完善的法规和政策，日本政府陆续颁布了《日本文化艺术振兴基本法》（2001 年）、《景观法》（2004 年）、《观光立国推进基本法》（2007）等法案，

---

① 这种艺术祭的形式源自欧洲，意大利的威尼斯双年展和美国的卡内基国际展均有悠久的历史。

以配合社区营造的发展。经过了 40 年的发展历程，大量的艺术项目在社区中得以建立，以艺术作为手段助力社区营造取得成功。

二、三个艺术介入社区营造案例的田野调查

笔者在田野调查过程中，重点关注艺术介入社区营造的案例。主要原因在于近年来日本利用当代艺术进行社区营造取得了较为显著的成效，积累了丰富的经验。通过翻阅日本相关领域的研究文献，以及与荻野昌弘教授讨论，笔者确定了在国际上具有广泛影响力的濑户内国际艺术祭、越后妻有国际大地艺术祭、黄金町国际艺术祭三个案例为考察对象。之所以选择这三个案例，主要原因在于：其一，三个案例从地理与社区环境层面而言具有典型代表意义。濑户内国际艺术祭所在地为濑户内海方圆 1.97 万平方千米的群岛地带，代表了日本海岛地域的社区营造。越后妻有国际大地艺术祭所在地为新潟县十日町市和津南町的山区地带，代表了日本偏远山区地域的社区营造。黄金町艺术区所在地为东京都附近的横滨市，代表了日本城市中的社区营造。其二，三个案例在日本国内和国际上具有较大影响力，艺术祭的举办使社区面貌得到了较大改变，每年有大量的来自世界各地和日本国内的游客专门前往参加艺术祭的活动，是较为成功的案例，可以作为示范案例予以借鉴。

1. 濑户内国际艺术祭

濑户内海位于日本本州、四国之间，自古以来，濑户内海一直是战略运输路线。自 20 世纪 60 年代以来，日本经历了快速的经济增长，但是濑户内地区大规模的工业发展造成了严重污染，导致了生态环境的恶化。此外，由于人口老龄化严重，渔业资源衰竭，很多岛屿沦为无人岛甚至垃圾岛。濑户内群岛的社区营造始于对社区现状的反思，力图找到一条可以重新振兴久已没落的海岛的道路，吸引离岛人口回流和年轻人来此创业，复活社区传统文化，找回生活方式的集体记忆。在濑户内国际艺术祭执行委员会（Setouchi Art International Festival Executive Committee）的组织下，通过政府与财团的共同支持，利用当代艺术呈现海洋文明与海岛的魅力，展现社区的历史与文化，寻找未来的发展之路。这是一条可持续发展的生态之路，艺术祭吸引了大量游客前来观光，消费活动激活了海岛经济。

直岛是濑户内海群岛中最早进行社区营造的海岛，自近代以来一直以农业、渔业、航运和制盐四大产业为基础。1957 年，在岛町议会中成立了旅游观光委员会，该委员会进行了系列调查活动，并制定了发展计划，对该岛的文化和旅游资源进行了检讨和重新认识。直岛的文化项目始于 20 世纪 80 年代中期，利用该地区南部的自然景观，力图将旅游业作为支柱产业。值得关注的是 1988 年，提出了"直岛文化村"的构想，目的是创造一个培养人们创造力的地方，这种创造力源于与不同文化背景的儿童、老人、艺术家和企业家等不同层次的人们的交流。此后，以对话人与自然、艺术和建筑的融合为主题，以当代艺术为中心的文化事业在这一理念的基础上不断发展，一直持续至今。

自 2010 年开始，濑户内国际艺术祭开展，每三年举办一届，至今已举办四届。举办艺术

祭的目的是激发当地的经济和岛屿间的合作，促进当地持续发展的运动，以恢复海洋和社区的活力。最初，参与艺术祭的岛屿主要涉及七个：丰岛、直岛、男木岛、女木岛、小豆岛、犬岛、大岛，后来规模不断扩大，扩展至十二个岛和高松、宇野两个港口城市。濑户内国际艺术祭的主题是"海之复权"，就是要让岛民重获对以往生活的自豪感，展望未来。这里面蕴含着希望岛上的老人们在人口过疏、老龄化加剧的现实条件下，生活得更加健康快乐，对社区感到自豪，以此创造岛的未来的美好愿望。同时，还包含着对现代城市状况的反思与质疑，对地球环境问题敲响警钟。通过对海的重新思考，提防人类动辄就要战胜自然的自大观念，强化地球危机意识。

据濑户内国际艺术祭的总策展人北川富朗先生介绍，将濑户内诸岛的历史、民俗、艺能、祭祀仪式与当代美术、建筑、演艺结合起来是最重要的策展理念。艺术和建筑是将人们吸引到濑户内地区并使其发现独特的历史、文化和景观的有力工具。它们彰显了社区身份，每个社区都植根于其历史和文化之上，反映在世代相传的地方习俗、艺术、手工艺、职业、民俗、节日和建筑遗产中。通过聚集来自不同国家和地区、不同年龄层、不同职业领域的专家和不同艺术门类的艺术家等形形色色的合作者，融入世界的智慧，借鉴了日本国内外在艺术、建筑、科学、文化、哲学和国际交流等领域的智慧，创造新事物，为濑户内地区注入了新的活力，皆对海岛的未来发展至关重要。

艺术家来到濑户内，通过与当地居民合作创作出艺术作品，这些作品中饱含他们的生活方式和生活体验，可以透过这些艺术景观来看待自己生活经历中的地方。事实上，艺术祭也是通过当代艺术呈现的一种集体记忆。一些作品运用了与当地社区居民密切相关的地方，如神社、老民宅等。艺术家利用直岛上二百多年的老民宅创作了《家·计划》。还有对岛上自然景观和自然资源的利用，如丰岛美术馆所展示的作品《泉》。艺术家内藤礼利用丰岛的天然泉水资源，依据地势将美术馆内部地面设计为四周高、中间低，并在地面上留有很多个绿豆粒大小的泉眼，泉水冒出来后，自然往低处汇流，汇流的过程中不断汇入其他泉眼溢出的泉水，形成了千姿百态的形状，流动的泉水就是景观，变成了被欣赏的艺术作品，很多游客是跪在地上或趴在地上去体会的，完全是体会自然的艺术，充满着诗意和哲学。这些作品的共同特征是与当地的历史以及特定的地方资源（老民宅、神社、自然资源）紧密地联系在一起，作品与场所不能分离。要欣赏这些艺术作品，需要到当地创作的环境中去。这也是近年来人们审美倾向的一种转变，即开始对与日常生活相关的艺术，以及依据社区历史文化环境创作的艺术作品产生浓厚的兴趣，从近年来参展艺术家和游客数量逐年增多可以清晰地看到这一变化（表1）。

瀬户内国际艺术祭历届展期相关数据统计表　　　　表1

艺术祭年份	展期/天	参展作品数/件	游客人数/万人
2010	105	95	94
2013	108	233	107
2016	108	216	104
2019	107	220	117.8

2. 越后妻有国际大地艺术祭

越后妻有国际大地艺术祭自 2000 年开始，每三年举办一届，截至目前已举办七届艺术祭。就举办规模而言，这是世界上规模最大的国际户外艺术祭，艺术祭希望通过整合当代艺术的力量、当地人民的智慧以及社区的资源，以农田作为舞台，艺术作为桥梁，连接人与自然，试图探讨地域文化的传承与发展，重振现代化进程中日益衰颓老化的农业地区。

越后妻有位于东京都的西北部，是指新潟县南部的十日町市和津南町在内的 760 平方千米土地，属于山区边远地带。地域面积比东京都 23 区的总和还要大，距离东京车程仅为 2 小时。大概 4000 年前的绳文时期代已有人在当地居住，深厚的历史文化，独特的地理环境，孕育出代表着日本传统的里山文化。自 20 世纪 70 年代起，伴随着城市化和工业化的发展，大量人口外流，老龄化现象和乡村人口过疏问题严重。据官方数据报道："在 2005 年日本的国势调查中，越后妻有地区的总人口为 73777 人，与五十年前相比减少了 40%，其中最突出的松山町、松之代町两地减少了 70%。65 岁以上的老龄人口超过人口总数的 30%，其中松山町、松之代町两地超过了 40%。"社区萧条，人口稀少，社区发展和文化传承遭遇困境。该地域因日本著名作家川端康成的小说《雪国》而逐步进入人们的视野，小说中描述道："穿过县界长长的隧道，便是雪国。"越后是地名坐标，妻有在日语中有"死角"之意，意思是说该地区进出很不方便，是非常偏远的雪乡。

自 1996 年开始，新潟县制定了《新潟佐藤庄新计划》，提出了举办越后妻有艺术三年展，并设立了十年地方振兴基金，为社区的复活带来了希望。这是由地方政府发起组织并斥资实施的地域振兴事业，之后 122 个市町村合并为 14 个广域行政圈，并实施为期十年的地方事业发展政策，以促进地域发展。14 个广域行政圈在各自的行政圈内市町村相互协作，即"NEW新潟里创计划"[①]，越后妻有的 6 个市町村成为该计划的组成部分，以"越后妻有艺术链构想"为主题，在 2000 年和 2003 年共同举办大地艺术祭。"越后妻有艺术链构想"定了三大支柱计划，即"越后妻有八万人的美之发现""花道""舞台建设"。此外，除了津南町，另外 5 个市町在 2005 年通过建设项目（越后妻有交流馆"KINARE"、松代"农舞台"、越后松之山"森林学校"KYORORO）合并，形成了如今越后妻有由十日町市与津南町组成的格局。艺术祭组委会邀请日本著名的艺术策展人北川富朗教授担任总策展人，从 1997 年开始策划艺术祭，以振兴社区为目标，成功地将当代艺术引入乡村社区，并作为改造乡村社区的手段。

越后妻有国际大地艺术祭的理念是"投入自然的怀抱"。参照里山和绳纹期祖先的传统，打破地域、年龄及背景文化的限制，建立一个新的令社区持续更新的模式，去传递投入自然的怀抱这一理念。艺术祭组委会从全球招募艺术家，鼓励艺术家进入社区，展开田野调查，熟悉当地环境，与农村里的老人以及来自世界各地的年轻义工一起，共同创作。至今已创作出 2000 多件艺术作品，它们被放置在村庄、田地、空屋、废弃的学校等地方展示。在越后妻有

---

① "NEW新潟里创计划"是平成 6 年（1994 年）新潟县推出的一项区域振兴计划，规定总项目费用的六成由新潟县政府补助，将市町村分为 140 个广域行政圈，再各自打造中心城市。每个广域行政圈基于独自的构想，发挥地区优势，全民共同参与规划，再现地区魅力。其主要方式并不是建造新的建筑，而是更重视服务，发展文化软实力。

地区有数量较多的废弃的房屋，多位艺术家通过艺术的手段将这些废弃的房屋转化为艺术作品，重新挖掘并发挥这些老屋的价值。如鞍挂纯一和日本大学艺术系雕刻组学生用两年时间完成的《蜕皮之家》、丰福亮的《金色茶屋》、安东尼·戈姆利的《另一个特异点》、监田千春《家的记忆》等，这些作品洋溢着当代艺术气息，又巧妙利用并融合了当地的文化习俗和文化遗产，是社区和谐共生的作品，在当地社区民众和游客中产生了相当高的认同感，让我们重新感受到了人与人、人与物、人与土地之间的关系。

越后妻有国际大地艺术祭历届展期相关数据统计表　　表2

艺术祭年份	展期/天	实行委员会事业费/亿日元	参展艺术家来自国家数/个	参展作品数/件	游客人数/万人	经济收益/亿日元
2000	53	5.5	32	153	16.28	127.6
2003	50	4.3	32	220	20.51	188.4
2006	50	6.5	49	334	34.9	56.8
2009	50	5.8	40	365	37.53	35.6
2012	51	4.8	44	367	48.88	46.5
2015	50	6.2	35	378	51.07	50.9
2018	51	6.6	44	379	54.84	53.9

如表2所示，越后妻有国际大地艺术祭开展以来，七届展期已累计接待游客超过264万余人次，实现收益超过557亿日元。前两届艺术祭的举办主要依靠政府投资，到了第三届，新潟县政府的财政支持降至艺术家消耗总费用的三分之一。但是，随着艺术祭影响力不断扩大，游客数量持续攀升，靠门票和产品销售已可以解决一部分资金问题。从2009年第四届艺术祭开始，日本文化厅开始资助艺术祭。此外，艺术祭组委会善于利用民间资本，吸纳很多企业和财团加入了赞助的队伍，如JR铁道公司、Benesse集团、BMW公司等知名企业，由此艺术祭获得了稳定的资金支持，实现了长期可持续发展。艺术祭的参展作品逐年增加，国际化程度不断提高，吸引了世界各地的著名艺术家前来创作参展，如2018年的艺术祭378件参展作品来自44个国家和地区335组艺术家，其国际化程度之高可见一斑。从七届艺术祭所获得的丰硕成果来看，艺术介入社区营造在越后妻有取得了成功。

3. 黄金町国际艺术祭

黄金町位于横滨市中区，离东京都仅50公里。历史上黄金町是随着横滨港的开放逐渐繁华起来的，1871年社区被正式命名为黄金町。1872年，横滨与新桥之间的第一条铁路开通，经过该社区，黄金町距离横滨站仅1公里，铁路的开通使这里变得更加繁华。1945年，美军接管横滨港，在此后的十几年中，该地区聚集了大量的人口。伴随着20世纪60年代日本经济的高速发展，以及新干线高速铁路的修建，在车站周边以及铁路桥下形成了很多空间，这些空间里聚集了数量较多的商店和非法的餐饮店（主要是私搭乱建的帐篷餐馆），商贸的繁荣也使该社区非法移民和娼妓业盛行，出现了很多非法风俗店，使该社区治安环境较差。

鉴于此，2003 年，社区成立了环境净化促进委员会，力图整治社区乱象，重振社区活力。从 2004 年开始，横滨市提出了建设创意城市的构想，黄金町也被列入创意城市计划的一部分，由政府出面，拆除了一些非法的餐饮店，清理了风俗店。铁路桥下的空间与铁道公司签订了租期长达十年的租赁合同。2005 年，社区发展促进小组成立，当地政府、社区居民与警察等各种组织联合起来，共同维护社区的居住安全。铁路桥下的空间，政府交由非政府、非营利性民间组织黄金町法人 NPO 管理中心^①（认定 NPO 法人黄金町区域管理中心）来负责组织、协调与运营，NPO 负责沟通政府和社区民众，并负责维护黄金町艺术区的日常运营工作。

黄金町艺术祭从 2005 年开始筹备，2006 年艺术基地"BankART"开业，2007 年，横滨国立大学和神奈川大学的学生和居民提出了在铁路桥下的空间建立工作室的想法，开始将艺术的手段用于社区营造。艺术祭执行委员会聘请了横滨三年展策展人之一山野真悟先生作为艺术总监。艺术区实行了一个名叫"AIR"的空间利用计划，包括长期和短期项目。长期项目是指为可以长期在此驻场创作的艺术家提供空间，通常为一年以上。短期计划是指短期驻场或短期出租，通常为 3 个月的驻场期，以及为短期的展览活动和本地活动提供场地出租服务。最早出现的两个艺术家工作室是 Kogane Studio 和 Hinode Studio。同时，黄金町法人 NPO 管理中心总结出一整套对艺术家管理和服务的方法，例如为被邀请驻场的艺术家提供空间免费入驻创作，但同时要求艺术家利用 2～3 月的时间到黄金町社区进行田野调查，并与当地居民进行交流互动，创作的作品要有在地性。艺术家的作品在艺术祭上展览，得到了当地居民的认可。管理中心还开办了黄金町艺术学校，邀请驻场艺术家或文学家等前来演讲，旨在为社区的居民和儿童提供艺术课堂，这也促使当地居民踊跃参加社区组织的活动，呈现当代艺术与社区的新关系。

2008 年，黄金町第一届艺术祭开幕，曾经是违法餐馆、风俗店铺的建筑，改建后作为新开放的艺术家工作室和公共社区空间使用。艺术区每年举行艺术祭，邀请来自世界各地的艺术家前来驻场创作。截至目前，艺术区有约来自世界 50 多个国家（如中国、印度尼西亚、韩国、越南、泰国、菲律宾等）的艺术家入驻创作。该项目旨在通过将社区重建为城市艺术区来重新振兴社区，实现可持续发展。在这里，不仅可以欣赏到驻场艺术家现场创作的作品，也可以欣赏到世界著名艺术家的作品。而且，艺术作品不只展示在美术馆、工作室这样的空间中，也展示在日常的生活空间中，如社区的街道、外墙、铁路桥下的公共空间等地方。截至 2019 年，已成功举办 12 届艺术祭，黄金町成为著名的城市艺术区和网红打卡地，每年接待大量来自世界各地的游客（表 3），社区面貌得到了根本性的改变。

---

① 2008 年黄金町第一届艺术祭由黄金町艺术祭执行委员会负责组织运营，活动结束后，2009 年 3 月执行委员会解散。2009 年 3 月 24 日，黄金町法人 NPO 管理中心获批成立，并开始组织后续活动。

黄金町国际艺术祭历届展期相关数据统计表　　　　　　　表3

艺术祭年份	展期/天	参展艺术家/组	游客人数/万人
2008	81	24	10
2009	27	9	1
2010	32	39	1.5
2011	83	32	9.25
2012	59	33	2.08
2013	62	16	1.44
2014	89	39	4.34
2015	30	21	1.25
2016	32	56	1.35
2017	88	26	3.87
2018	33	37	1.29
2019	39	23	1.72

（数据来源：黄金町认定特定非营利活动法人黄金町区域管理中心年度事业报告书）

　　从以上三个案例来看，日本运用艺术作为社区营造的手段，可以追溯至20世纪60年代"雕塑的城镇发展"项目，其重要意义在于将艺术作品展览从美术馆搬到了社区公共空间中，激活了艺术的公共效应，增加了社区的艺术氛围和艺术景观，深受社区居民欢迎。这一阶段的特点是展示作品，为社区增加艺术景观和艺术氛围。当然，社区民众对当代艺术引入的适应有一个过程，最初他们将当代艺术视为异类。原因在于：其一，因为无法理解这些移植过来的抽象的当代艺术；其二，认为它们与自己的生活没有必然的联系，无法形成认同。

　　2000年以来，随着日本各地艺术祭相继举办，艺术创作与艺术展览进入了社区日常生活空间，艺术家出现在了创作现场，他们主动参与当地社区生活，与当地社区居民通力合作，并将当地的历史、自然和文化资源融入艺术创作，创作出既有当代艺术气质，又有当地特色的艺术作品。社区居民的态度开始发生转变，因为在这些艺术作品中看到了社区历史和日常生活的元素，逐渐理解了这些艺术作品，现在，社区居民认为当代艺术是社区发展的重要资源，也是令社区骄傲的和有代表性的文化符号，这是在观念层面的一个巨大转变。这些作品放置在社区的公共空间，不仅向社区居民展示，也面向国内外游客展示。这一阶段的特点是利用当代艺术这一国际性的语言，邀请艺术家出场，注重与社区居民的参与和互动，依据当地资源优势创作各具特色的艺术项目。艺术介入社区营造在日本取得了较大的成功，不仅使社区得以振兴，赢得了社区居民的认同，同时也产生了较大的国际影响力，吸引了国内外的游客前来参加艺术祭，获得了较好的经济收益，为艺术祭的持续运行提供了保障。

三、启示与反思

　　通过对日本艺术介入社区营造发展历程的梳理和三个艺术祭的田野考察，带给我们诸多启示。日本艺术介入社区营造具有明确的目标性，即重振社区活力，提升社区居民的生活品质，实现社区文化的赓续和可持续发展。其与中国艺术乡建具有一定的对应性，日本的经验可以为中国当下正在发生着的艺术乡建提供借鉴。

1. 启示

其一，以艺术为载体，挖掘与利用在地文化资源，创生国际化艺术语言，激活艺术的公共效能，使其成为社区营造的一种路径。艺术是一门可以跨越国界与族群的语言，日本的社区营造运用艺术的手段，艺术家将世界上最具潮流的当代艺术观念带进来，挖掘和利用当地的自然与文化资源，与当地社区居民合作创作艺术作品，创生国际化艺术语言。其实，艺术的公共性一直以来是非常值得探讨的话题，美国《艺术杂志》（Arts Magazine）1967 年曾刊登过一篇名为《美术馆之死》的专题报道，描述了许多作者的文章和观点，批评家们认为，作品存放在博物馆中等同于埋葬在了墓地中。此观点对艺术的公共性效能得不到发挥的问题进行了批判。可以说，越是具有突破性和创新性的艺术作品，越能够吸引人。艺术家创作中挖掘与利用社区文化资源的过程也使社区的文化得以再利用。创作的作品放置在社区的公共空间展示，打破了既有的艺术只是在美术馆、博物馆中展示的固有观念和范式，突破了传统艺术展示方式，让艺术融入日常生活，激活艺术的公共效应。艺术祭让将艺术作品融入社会，进入日常生活，激活艺术的公共性，实现了艺术为生活服务，为人们审美服务的目的。同时，艺术祭也拓展了当代艺术这一媒介物的空间范畴，缩小了作品与日常生活之间的距离，恢复其社交功能，实现了艺术家与社会及社区的发展互动，使其能够在更大的范围内产生持久价值。这一举措使社区的自然和文化资源得以利用，文化氛围和艺术景观得以重振和建立，对社区活力的重振具有重要意义。

其二，要尊重社区居民主体性，激发社区居民主动参与，引进专业的设计工作团队，建设"专家工作营"和"市民参与型工作坊"制度。从日本的经验来看，在社区营造中要充分尊重社区居民的主体性，保持更加贴近居民的姿态，激发社区居民主动参与，不仅要得到社区居民认同，而且使他们成为参与的主体。具体而言，建立专家工作营，即聘请专业研究队伍组建团队到社区营造地展开社会调查，获得关于该社区历史、文化、民俗、仪式、信仰等方面的信息，为社区营造方案的设计提供参考文本。其次，举办市民参与型工作坊，即吸收当地居民参与讨论，听取他们的意见与诉求，研究社区所存在的问题和将来的愿景，对问题点进行剖析并提出设计方案和解决思路。这一商讨过程往往持续时间长，反复次数多，如在越后妻有国际大地艺术祭开始运行的前四年，召集村民开会超过 2000 次。黄金町国际艺术祭在筹备阶段，艺术祭执行委员会深入社区与居民座谈也超过 1000 次。有了如此扎实的民意征集工作，社区居民的想法得到了尊重和采纳，社区营造的设计方案会符合当地社区的实际需求。

其三，深挖当地特色资源，培育特色产业，拒绝同质化，实现产业创收和可持续发展。社区营造的理想目标是实现社区福祉，提升居民生活品质，走向可持续发展。众所周知，社区营造是一项经济消费较高的社会事业，而实现社区营造目标需要稳定的经济动力源。因此，要深挖社区特色资源，培育地方特色的产业，打造特色产品，形成独具地方特色的文创品牌，实现产业创收，以产业创收支持社区营造发展。千叶大学宫崎清教授将社区营造议题分为"人""文""地""产""景"五大类。其中"产"指的便是社区的产业与经济活动。从日本的经验来看，在社区营造过程中形成了特色的产业业态，实现了经济盈收，才能为社区营造提供可持续的经济支撑。20世纪80年代，日本在社区营造中发起了"一町一品"运动，主要是为了各个社区能够保护地方传统文化，发展地方特色产业，为旅游观光服务。通过三个社区艺术祭的田野调查来看，这些社区通过对本地资源的深度挖掘，创造了属于独具地方特色的产业，生产富有当地特色的产品，有些产品是限定产地销售。由于地方特色鲜明，这些产品往往备受游客青睐。可以说，产业振兴带动了地区振兴，通过消费活动促进社区再造，激活了地方产业，提升了生活品质，达到了重振社区活力的目的。

其四，培育非营利性法人组织NPO服务社区营造。在日本，大部分的NPO组织是志愿者团队或政府设置的附属机构，NPO对于社区营造项目运营发挥了重要作用。NPO具有独立性，可以有效地沟通政府、社区与居民，也可以自由地邀请专家，开展研讨活动，以及组织项目实施，可以保持自身的独立性来运营。NPO开展活动与社区居民密切相关，在社区营造过程中与政府形成了一种新型的互助与合作关系。从历史发展来看，NPO从发起历史街区保护运动，到参与政府制定立法，再到作为主体推动社区营造条例实施，均发挥着越来越广泛和积极的作用。就中国国内而言，短期内成立大批的乡建NPO存在一定难度，但是作为一种可行性的路径，其自身的运营管理优势可以为乡建提供有益助力，是未来可以实现的发展方向。

其五，善于利用民间资本，实现有效的可持续发展。正如上述三个案例所展示，艺术介入社区营造的资金消耗较大，除了申请国家的资金支持外，要善于运用民间资本。这是一种带有公益性的市场化行为，即由企业设立以发展文化事业和振兴社区经济发展为目的的财团，进行股份制运作，财团是大股东，使用分红的方式为社会做贡献。如此一来，资金来源得到了保障，财团也有了投资的积极性，文化事业便能够持续开展下去，免去了资金筹措难的困扰。此举对中国的乡村建设具有重要的启示意义，在中国的乡村建设过程中，由政府主导，投入大量资金，消耗较大，政府负担重。笔者认为，可以借鉴日本对于民间资本的利用举措，吸引民间资本参与到中国的乡村建设中来，鼓励他们投资乡村建设，允许其在法律和政策允许的范围内开展市场化的盈利活动，如此可以大大激发民间资本参与的积极性，减轻政府负担，实现乡村建设的可持续性发展。

其六，通过立法保障社区营造有序发展。在社区营造过程中，日本政府会根据不同时期、不同问题进行有针对性的立法。如日本在经济高速增长时期，对户籍制度出台了专门的法案，消除了人在城乡之间自由流动的壁垒，既允许农村人进城务工落户，也允许城市人到农村地区投资创业。日本建立了较为完善的农业耕地和农村住宅流转体制，到农村地区创业或居住的城市人可以租用或购买耕地用来耕作，促进各种资源向农村地区流动。在政策层面对打算到农村地区创业或居住的人来说起到了引导和保障的作用，由此可以及时规避问题。中国自2017年提出乡村振兴战略以来，国家层面出台了一些刺激和保障乡村振兴顺利实施的政策与法规。借鉴日本的经验，我们仍需在具体执行层面出台相关细化的政策与法规，保障乡村振兴的开展。

2. 反思

1. 警惕社区被艺术征用。随着大量艺术项目在社区中落地，新的问题也开始出现了，从社区的角度而言，人们开始担心社区的传统文化表达被削弱，社区沦为当代艺术表达的工具。笔者认为，艺术介入社区营造并非只是引进艺术家在社区创造一个艺术事件，更重要的是在出发点上要使艺术的介入与社区、社区居民发生关系，能够持续产生热度，改变社区整体面貌。日本在进行社区营造时，引入的是当代艺术，不仅局限于本土的艺术家，而是从世界范围内邀请艺术家。一方面，艺术家通过与本地居民的合作，共同挖掘社区的文化资源，共同创作艺术作品；另一方面，居民可以通过对作品的解释来告诉游客他们的记忆，并形象化他们的生活习惯，在一定程度上激活了他们参与的积极性，强化了对社区文化的认同。

2. 艺术批评不足。通过对三个艺术祭案例的调查发现：与逐年增多的艺术项目相比，艺术批评明显不足。笔者认为，主办方应邀请一批具有较高水平的艺术评论家参观艺术项目，并进行客观的评价。一方面，可以为下一届艺术祭艺术项目的遴选提供参考；另一方面，也可以为游客观赏艺术作品提供导读。这是在以后的艺术祭举办过程中应该予以重视的问题。

四、结语

在全球化时代，随着互联网的飞速发展，信息革命使人们的生活方式和思维方式正在发生改变，更加注重追求便捷性和参与体验。在这样一个时代背景下，信息的交流和共享更加迅速与畅通，艺术与生活的关系更为接近，人们对新的艺术形式和生活样态的参与热度日益高涨，使艺术介入社区营造，融入人们的日常生活具有了更多的可能性和想象力。通过以上日本三个艺术祭案例的田野研究可以看出，艺术祭整合了政府、社区与商业的力量，将艺术作品从美术馆、博物馆转移到大地公共空间中，融入了日常生活，激活了艺术的公共资源价值，涵养了社区文化与人心。从三个艺术祭历届展期相关数据的统计也可以看出，参展艺术家、游客人数和收益也在逐年递增。艺术祭的举办带动了当地旅游、餐饮、休闲度假、教育等行业的发展，许多年轻人自愿回到故乡开设餐馆、咖啡厅和小商店等，使久已没落的社区得以振兴。艺术祭不仅是记录社区历史与传承传统文化的有效途径，也是展示社区艺能、习俗和祭祀仪式的有效手段，其国际化的开放心态使来自世界各地的当代艺术家能够扎根于当地的历史与文化资源进行创作，创作完成的作品又成为当地重要的艺术景观，来自不同国家、不同领域、不同年龄的游客来此观光，其深层价值在于成为世界各国人民文化交流的载体，即以艺术为载体实现与他人的互动，提升了国际化交流水平。

综上，我们着重从理念层面予以总结，艺术是对文化的形象化表达，是地方文化符号的表征。通过艺术项目创造新的文化景观为社区发展注入新的动力源，这一新趋势引起了社区民众的极大兴趣。这是一个将社区的自然环境和人文环境视为资源，并借助当代艺术予以激发和利用，呈现出艺术作品以促进当地社区发展的过程。这种做法为社区的再造提供了新的思路，创造了新的生活方式和价值观念，改变了当地人的生活。它带给我们的启示有：以艺术为载体，挖掘与利用在地资源，创生国际化艺术语言，突破传统艺术展示范式，让艺术融入日常生活，激活艺术的公共效能，使其成为社区营造的一种路径；要尊重社区居民主体性，"专家工作营"和"市民参与型工作坊"的建设使整个过程更加专业化，并激发了社区居民参与的主动性；深挖当地特色资源，培育特色产业，拒绝同质化，实现产业创收和可持续发展；培育一批乡建的NPO，有效地沟通了政府、社区和居民，形成了一种新型的互助与合作关系；善于利用民间资本，实现有效的可持续发展；通过立法保障社区营造有序发展。当然在这一过程中，警惕社区被艺术征用和当代艺术对社区文化遗产的冲击，恰当处理艺术与当地社区文化、居民的关系，增加艺术批评是艺术介入社区营造过程中值得反思和重视的问题。相信随着艺术介入社区营造实践和研究的不断深入，会有更多的案例涌现出来，也会有更多的理论与经验总结出来，我们将拭目以待。

参考文献：

[1]　宫本结佳 . 艺术与社区发展的社会学研究 [M]// 直岛·大岛·越后妻有的记忆与创造力问题 . 昭和堂，2018: 3-4.

[2]　西村幸夫 . 再造魅力故乡：日本传统街区重生故事 [M]. 王惠君，译 . 北京：清华大学出版社，2007.

[3]　任震方 . 关于日本人口的一些资料 [J]. 城市规划研究，1980（1）：57.

[4]　参见 http://k.sina.com.cn/article_1990953592_76ab8a78001008yrh.html.

[5]　田中角荣 . 日本列岛改造论 [M]. 秦新，译 . 北京：商务印书馆，1972.

[6]　吉田隆之 . 艺术祭与地域振兴：从自愿接受艺术祭到合作开发固有的资源 [M]. 水曜社，2019.

[7]　福武总一郎，北川富朗 . 艺术唤醒乡土：从直岛到濑户内国际艺术节 [M]. 李临安，杨琨，张芳，译 . 北京：中国青年出版社，2017.

[8]　参见北川富朗的讲座《艺术唤醒乡土——濑户内国际艺术节》，2017 年 3 月 19 日于中央美术学院。

[9]　数据统计源自：濑户内国际艺术祭网站 https://setouchi-artfest.jp.

[10]　越后妻有是一个被建构出来的名称，在"NEW 新潟里创计划"开展之初，如何给该地区取名争论很大，每个市町村各推荐一人参加学习讨论。取名"十日町"争论较大，于是，经过查阅古文献，从妻有庄的十日町市、津南町、川西町、中里村和松之山乡的松代町、松之山町，中取"妻有"，冠以"越后"的统称，合并起来即"越后妻有"，最后通过，这一名称得以固定下来。

[11]　[日] 大地的梦术祭东京事务局 . 大地的梦术祭越后妻有艺术三年展 2006. 现代企划室，2007:10-13.

[12]　北川富朗 . 乡土再造之力：大地艺术节的 10 种创想 [M]. 欧小林，译 . 北京：清华大学出版社，2015.

[13]　吉田隆之 . 艺术祭与社区发展 . 水曜社，2019: 72；ECHIGO-TSUMARI ART FIELD https://www.echigo-tsumari.jp/about/history/.

在邦迪海滩邂逅陌生的风景：
悉尼海滩雕塑展的前世今生

卢　艳 / 公共艺术活动策展人

　　曾经有过这样一句话：如果没有著名的邦迪海滩，那就不是世人向往的澳大利亚。的确，无论在世人心中世界上最美丽海滩的名单如何变化，邦迪海滩永远都是澳大利亚人心中的第一。众所周知，澳大利亚是地球上唯一一个独占整个大陆的国家，拥有着众多美丽迷人的海滩和令人难以置信的海岸线。位于新南威尔士州首府悉尼东郊海岸的邦迪海滩，始终是澳大利亚最具标志性的海滩，是世界各地游客们必经的打卡胜地，人们不远千里慕名而来为的就是亲眼看看闻名世界的海滩风景（图 1）。

一、邦迪海滩的历史

　　邦迪海滩的历史，就如同今天在那里生活、工作和游玩的形形色色的人一样，极具个性且丰富有趣。今天的邦迪被写作"Bondi"，其实是源自土著的一个词语，据说是悉尼地区原住民土著语"Boondi"的变体，意思是"海水冲击岩石的声音"。据澳大利亚博物馆的文献记载，"Bondi"之意其实是"使用邦迪（Boondi）棍棒（又被称为 Nullas）进行格斗的地方"。随着时间的推移，"Bondi"也曾被拼写成多种不同的形式，而目前的拼写是在 1827 年确定并被人们所接受的。在欧洲人到这里定居之前，原住民就已经占据了包含邦迪海滩在内的韦弗利（Waverley）地区的许多地域。在早期的殖民时期有许多相关的实物记录，例如土著岩石雕刻和被发现的原住民遗骸以及石制的战斧。悉尼澳大利亚博物馆的民族学家发现了很多土著工匠使用大型制造设施所制造的石器和燧石工具的证据，这些工具都是使用火山沟和附近岩石中破碎的材料制成的，但其中大部分工具被古代工匠视为"有缺陷"而丢弃（图 2）。
　　欧洲人对澳大利亚正式的殖民统治可以追溯到 1809 年，当时的道路建设者是威廉·罗伯茨（William Roberts），因为对旧南头路（Old South Head-Road）的铺设而得到表彰，从布莱总督（Governor Bligh）那里获得了 81 公顷的土地，这块土地现在大部分成了邦迪海滩的

图 1　邦迪海滩

图 2　麦肯锡点（MacKenzies Point）崖壁上的雕刻（显示的是一条大鲸鱼和一条小鱼）

074

图 3　1924 年北端视角的邦迪海滩

商业和住宅区。从 19 世纪中期开始，邦迪海滩一直是国内外游客家庭出游和野餐的绝佳地点。
1851 年，银行家爱德华·史密斯·霍尔（Edward Smith Hall）和地产商弗朗西斯·奥布莱恩
（Francis O'Brien）购买了邦迪地区 200 英亩（约 80 公顷）土地，几乎涵盖了邦迪海滩的整
个正面区域，并将其命名为"邦迪庄园"（The Bondi Estate）。1855—1877 年，奥布莱恩
购买了霍尔的土地份额，将该土地更名为"奥布莱恩庄园"，并将海滩及其周围的土地作为野
餐和娱乐场所提供给了公众。多年以后，随着海滩越来越受欢迎，奥布莱恩庄园也一直受到公
众进入海滩的威胁。1859 年，市议会认为政府需要介入使海滩成为公共保护区，但却没能成功。
直到 1882 年 6 月 9 日，新南威尔士州政府采取行动，邦迪海滩从此向公众开放而成为公共海滩。
如今，邦迪海滩已经成为了解当地人生活的最佳地点（图 3）。

二、邦迪的海滩生活

　　从土著的梦时代到欧洲殖民，再到如今热情随和、亲切惬意的海滩文化，邦迪海滩经历了
漫长的发展。面向太平洋的邦迪海滩，有蔚蓝的天空、明媚的阳光、湛蓝的海水、柔软的金沙，
海天融为一体，风景甚是美丽；天边诡谲的层云随着桀骜的海风不时地变幻，海面时而波澜壮
阔时而浪静风恬；这里还有随处可见的比基尼美女、抱着冲浪板随海浪翻腾的冲浪人、着装一
致的海滩巡视员和海岸救援队……每当夏季，这里都是享受日光浴和冲浪的绝佳地点，人们可
以在这里观看一场嘉年华会，欣赏冲浪运动员们轮番上阵表演，陪着非正式的乐队在岸上声嘶
力竭地演唱，逛一逛民俗文化展览活动等。
　　海滩的两侧是砂岩岬角，非常适合散步、打高尔夫和观鲸。沿着邦迪的海边崖壁观景步道
徒步、赏海、观景、拍照……累了可以去酒吧或小饭店点上一杯新鲜的啤酒，配一盘经典的炸
鱼薯条；再到或简约或充满古朴或个性的咖啡馆里品尝一杯纯正现磨的澳白咖啡；或者到建于
20 世纪 20 年代精致优雅的邦迪凉亭中点一碗鲜奶冰淇淋，顺便观看邦迪海滩救生员开展的救
生演示活动，甚至还可以亲身参与其中；抑或前往既是悉尼标志性场所之一又是澳大利亚最古
老的游泳俱乐部之一的邦迪冰山（Bondi Icebergs）俱乐部的游泳池里游泳戏水，顺便为海里

图 4　邦迪海滩（左侧）和邦迪冰山游泳池（右侧）

那些冲浪人士的精湛技术惊叹喝彩。待到日落时分，更可以一面领略壮观的大海美景，一面享受邦迪海滩上众多餐馆的诱人美食，在相得益彰的美景和美食中享受生活的真谛，这里一年四季都是澳洲人居住和外来游客最佳体验的精华所在（图 4）。

三、邦迪海边雕塑展

　　有人会说，抛开不同的历史背景，世界上那么多著名的海滩，不都有熟悉而常见的海滩风景和生活么？悠闲的海边生活和各式的美食或有雷同，但在邦迪海滩能感受到的绝不止这些。如果在每年 10 月底至 11 月初前来，那么一定能在邦迪海滩邂逅到世界上任何一个海滩都没有的独特风景——海滩雕塑。因为每年此时，这里都会变成世界上规模最大的年度"海边雕塑展"的展场。

　　海边雕塑展（Sculpture by the Sea）是悉尼最受欢迎的公共艺术活动，也是世界最著名的大型户外公共艺术展览之一。展览的地点就设在壮观的邦迪海滩至塔玛拉玛海滩（Tamarama）2 千米的海滨步道上，每年约有 50 万的游客前来参加由世界各地艺术家创作的 100 多件雕塑作品组成的艺术盛典。自 1997 年举办以来，这场免费向公众开放、每年春季举行三周、规模巨大的年度户外雕塑展览，充实了整个悉尼乃至众多游客的想象力。这些雕塑几乎与沿海滩的史前砂岩岩层有机地融合在一起，以天空和大海为背景，甚是壮观（图 5）。虽然这是一个专业性的艺术展览，但却在公众心中达到了几乎前所未有的友善程度，成为能够让所有观众都享受并体验的世界上最独特的公共艺术活动之一。

图 5　邦迪海滩至塔玛拉玛海滩 2 千米的海滨步道自然风景

四、邦迪海边雕塑展的创始人

　　作为邦迪海滩如此别样的一道风景且多年来都成功举办的一个公共艺术展览，它的由来要从主要创始人——大卫·汉德利（David Handley）说起，这是一个从律师变成著名雕塑展览创始人的故事。大卫毕业于悉尼大学，在取得了艺术和法学双学士学位之后，又在伦敦国王学院取得了法学硕士学位，曾经做过律师、制片人，如今是澳大利亚乃至全世界公认的社会企业家，是海边雕塑展的创始人。他曾经在接受《创新者日记》访谈中说过，自己有着幸运的成长经历，有一位事业非常成功的律师父亲和一位富有创造力且热爱艺术的母亲。母亲是对他影响最大的人，他继承了母亲身上很多的优秀基因。7 岁时，父母曾经带他去看了一场摇滚音乐剧《基督耶稣万世巨星》（Jesus Christ Superstar），当时的他就表现出极度的热爱，第一时间意识到那就是自己的未来，希望能够在创意的空间、舞台或电影中制作出让人们能够享受的东西，但当时的他似乎并不知道自己未来的舞台会是澳大利亚的海岸。

　　他从小热爱运动和历史，运动几乎占据了整个童年，而历史知识在他看来才是策划并组织海边雕塑展的真正起点。大学期间先选择了学习历史，但当他意识到，未来希望成为自己的老板为自己工作之后，转而学习法学，因为他觉得法律是任何商业活动最基本的组成部分，而自己对商业界的了解还远远不够，不足以在 20 岁或 21 岁的时候就开始成为自己的老板，所以他想学习法律并且从事最多两年的实践，然后再去做自己想做的工作，过自己想要的生活，这样才会有更好的知识与技能储备。1989 年 11 月 9 日，柏林上演了历史上伟大的一幕——象征德国东西部对抗标志的柏林墙被推倒，正在伦敦上学的大卫即刻选择去了柏林，三天后他坐在被推倒的柏林墙上感受那令人震撼的历史变革。1990 年 3 月他回到东柏林参加了当时的选举，随即去了捷克斯洛伐克和匈牙利，亲眼看到了那由极权主义国家向期望自由的国家过渡的最初时期。让他深感幸运的是他看过与之相关的电影和书籍，不管是第一任捷克总统、哲学家托马斯·马萨里克，还是捷克的著名小说家、哲学家米兰·昆德拉，这个建立在知识与文化基础上的拥有众多哲学之王的国家，让他充满了兴趣，也对之后的职业生涯起到了关键作用。

　　那时的他其实并不确定自己想要做什么，从十几岁开始就对周围所见的事物充满批判性，他觉得当时的世界太过商业化，就像当时过于商业化的市场营销和公关机器几乎毁掉了整个摇滚乐。还有一些能够帮助社会变革或者是鼓励社会变革的艺术形式，在短短的几年之间被那些商人变成了营销机器。种种这些，对他的思想都产生了很大的影响，因而他非常确定的一件事就是——通过自己微薄的努力和自己的方式，去影响这个世界，让世界变得更美好一点。当然，那时的他完全不知道，这件事会是海边雕塑展。他只知道他要为人们创造一个大家都能享受到的免费的活动，作为一个制作人，他清楚地知道艺术家的创作与他人没有任何的关系，艺术家们应该可以随心所欲，不受任何影响地去创作。

　　大卫一直都很喜欢大型社区艺术活动，会经常到悉尼的禁苑（The Domain，悉尼一片开放的绿地）去欣赏"公园歌剧"和"星空下的交响乐"等一些精彩的户外音乐会，和素不相识的陌生人在绿地上坐在一起，在悉尼的星空下一边野餐，一边品尝葡萄酒，一同观看交响乐、歌剧或爵士乐音乐会。大卫觉得，抛开顶级的海滩和港口，这也是能够使悉尼成为世界上最美城市之一的原因——除了壮丽的海岸线、多元的城市生活，悉尼还拥有开放、免费、没有局限、能够令人愉快的文化活动，可以把成千上万的陌生人聚集在一起进行艺术活动。他想要做一些类似的事情，但不是音乐。

一如他的计划，大学毕业之后，大卫从事了两年的法律工作，尽可能地去努力工作和学习更多的东西。两年之后，他毅然辞职，逃离了企业界，搬去了布拉格。生活在布拉格的他，偶然被带到了一个室外的雕塑公园，公园坐落在波希米亚北部克拉托维镇附近 13 世纪的遗迹中。有一天晚上，他和捷克艺术学校的朋友们去观看遗迹和雕塑，第一次体验到了雕塑的力量，那不仅仅只是庄严，更是震撼。从那时开始，他对有朝一日可能举办"活动"的想法开始转向了雕塑。1996 年大卫再次回到悉尼，有两位朋友听了他的想法后，建议他沿着邦迪到塔玛拉马海滩步道去散散步，于是他在周围看到了一个接一个的天然底座，可以安装各种各样的雕塑。但那时他正在为一份随时可能开始的重要电影工作做着准备，所以策划雕塑展览的想法就被搁置了。直到他意识到电影的工作不可能实现的时候，几个月的时间里他没有给自己的生活做任何安排，便想到把"海边艺术展"这个想法提上日程。当时的他仍然在考虑是否要把绘画作品包含在其中，但只用了不到一天的时间，他就意识到在阴晴变幻的天气和不时的风雨之中，绘画作品的展示绝对是一种负担，所以这个想法很快就被放弃了，继而确定这个活动为"海边雕塑展"（图 6）。基于多年的积累，包括布拉格的见闻和之后种种思想历练，当在脑海中明确了这个"活动"的艺术形式和地点的时候，他是非常坚定的。

图 6　塔玛拉玛海滩 2018 年海边雕塑展现场

五、邦迪海边雕塑展的发展

　　大卫说，能够于 1997 年成功举办第一届，将海边雕塑展变成现实，离不开两个关键人物的全力支持和帮助，一位是韦弗利地区委员会的安妮塔·约翰斯顿（Anita Johnston），她当时负责海岸步道管理；另一位是澳大利亚最著名的雕塑家之一罗恩·罗伯逊·斯旺（Ron Robertson Swann OAM）。从第一次通电话开始，安妮塔对这个活动想法的反应就非常热烈，之后对展览所处的环境、安全和人群管理等问题给予了指导；而作为雕塑家的罗恩对在广阔的户外环境中安装和放置雕塑的相关事宜提供了建议。同样值得一提的是，罗恩将自己的声誉置于展览之后，作为艺术家的他介绍了许多其他优秀的艺术家来参加这次海边雕塑展，从而确保从第一年起，这个展览就是一个达到了高标准的展览。虽然说还有很多人对第一次展览的成功都起到了至关重要的作用，但大卫说，如果没有安妮塔和罗恩，这一切都不会发生（图 7）。

　　1997 年的第一届海边雕塑展，相对而言是较为单纯的。没人相信第一届的展览是以 100 澳元的资金开始运作的，展览的所有的工作人员全部都是志愿者，大家彼此之前并不认识。然而在很短的时间内就收到了超过 100 位艺术家提交的参展作品，并且得到了媒体的关注、地区委员会的批准以及悉尼水务局的赞助，为首届展览设立了一个冠名雕塑奖项并提供了 5000 澳元的奖金，同时还赞助了广告费用。其实不只是当时，直到现在，他们遇到最大的问题仍是为展览融资，而第一届展览是在大卫没日没夜的工作和大家共同的努力下，在极为有限的资金支持下，仅用了不到 10 周准备时间匆忙完成的。鉴于没有安保的预算，展览就只能在白天举行，因而最后就变成了只有一天的时间，但是这样的好处是让地方委员会看到了整个展览的布展和操作过程，为之后在 1998 年能够授权到更多举办做了铺垫。以仅有的预算完成了只有一天展期的第一届展览，收获了 25000 名观众，而展览的质量和媒体的兴趣都为海

图 7　海边雕塑展创始人大卫在 20 周年开幕式上讲话

边雕塑展的未来发展提供了非常重要的动力。

1998 年，受悉尼奥组委的委托，澳大利亚各地为奥林匹克艺术节举办了五次海边雕塑展。对于这个展览品牌来说是一步巨大的前进，艺术家们都非常积极地响应，最终在邦迪、达尔文、努萨、奥尔巴尼和塔斯曼半岛五个地点安装了 260 多件雕塑。如果没有得到悉尼奥组委的资金支持，一定无法完成这几个跨州的展览。与此同时，这也为海边雕塑展创造了一个国家级的平台，使得这个展览的组织及其影响力得以持续地增长。2000 年，展览首次邀请了几位非常著名的雕塑家参加展览；2002 年，在展会期间启动了新南威尔士州中小学教育计划；2004 年，推出了与海边雕塑展览同时在现场举行的小型室内雕塑展览；2005 年，基于邦迪的成功，展览被引入西澳珀斯科特斯洛（Cottesloe）海滩，之后在每年 3 月举办；2007 年，展览为参加过 10 次以上邦迪展的艺术家成立了"邦迪十年俱乐部"，同样也为科特斯洛的艺术家成立了"十年俱乐部"。2010 年，海边雕塑展组委会接管了海伦·莱姆普里埃（Helen Lempriere）遗产基金的管理工作，并每年为三位澳大利亚雕塑家设立 3 万澳元的奖励基金项目；2011 年，新南威尔士州政府意识到了海边雕塑展对文化和旅游的重要性，并同意为 2011—2014 年海边雕塑展提供每年 30 万澳元的资金支持，而之后每年都在持续更新，并且在 2020 年将资金支持增至 40 万澳元；2016 年的邦迪展览度过了它的 20 周年纪念。

六、邦迪海边雕塑展的成就

二十多年来，海边雕塑展已经从一个由一群志愿者组成的为期一天的活动发展成为一个耗资数百万澳元的专业性公共艺术活动，展览历时近三周，能够吸引 50 多万游客，举办了 50 多个展览，展出了 2400 多件雕塑作品，其中有近 30 位中国艺术家的作品参加。这是世界上最大的年度雕塑活动，也可以说是最重要的公共艺术展览之一，更是悉尼一张独特的城市文化名片。随着展览的发展，它日益成为澳大利亚在雕塑实践议程中至关重要的公共艺术项目，对澳大利亚的雕塑以及公共艺术发展产生了重大的影响。海边雕塑展为很多新兴的雕塑家开创了他们各自的艺术事业，也为不少成熟的雕塑家提升了知名度，众多的艺术家更是通过海边雕塑展这个平台逐渐成长起来。展览不仅向公众介绍了雕塑艺术，普及了公共艺术知识，更为雕塑艺术这一澳大利亚曾经资源最少的艺术形式之一创造了数百万澳元的收入。从大卫集多人之力再到组建如今海边雕塑展的组织机构，以一个非营利的法人协会来管理整个展览，使得活动更加专业，而且海边雕塑展组织机构还被列入澳大利亚国家文化登记册，使所有为展览提供赞助的私人赞助商和赞助人的捐款能够得到税收减免，并允许展览获得慈善基金会的赠款。

难以想象，能够把如此大型的一个展览坚持二十多年是一件多么不易之事。所以大卫被很多人称作战士，他为他所坚信之事而战，也正是因为他对展览的韧性和坚持，才能使海边雕塑展二十多年来一直成功举办，即使那些原本都支持他的组织和机构几乎都不再支持他，他也一直在坚持。因为他相信不论是艺术家还是公众，每个人都有权利去接触伟大的艺术。就这样一路走来，海边雕塑展为邦迪海滩创造出了世界上独一无二的风景，创造了很多公共艺术方面的奇迹，它的背后有很多或激动人心或令人恐惧抑或是忙碌至极的故事。从本质上来说，海边雕塑展自诞生以来初衷从没有改变，它一直是一个遵循着自由、民主和公众的原则为观众免费提供高质量雕塑的艺术活动。大卫用他的理想主义创造了一个可以让所有人都接触到的公共艺术空间，尽管他和整个团队在幕后不断地面对诸多挑战，但他依旧用坚定的使命精神坚持着展览的组织和举办，并且在不断发展的过程中努力与艺术家和公众的期望保持一致。

七、邦迪海边雕塑展组织

　　海边雕塑展突破了美术馆、画廊等原有的艺术组织形式的限制，建立了一个与众不同的公共艺术活动模式，并已经拥有了一个非常完善的专业组织团队，每年的策划、征集、选择、运输、布展、撤展等众多环节都十分严谨。在邦迪海边这种开放式、无法封闭观众群、环境极为特殊的现场，整个组织团队克服了各种因素限制，包含统筹、策划、设计、现场、协调、销售在内的各方面专业人士共同协作，创造出了一年又一年的精彩展览。展览期间设有专业的讲解人员，针对不同观众群体组织专业导览活动；有针对所有赞助商和资助人的专场活动；有为艺术家开设的交流庆祝活动；有专门针对儿童和学生的教育活动，随处可见几岁到十几岁的各个年龄段的学生们围坐一团研究雕塑作品；有现场艺术家与观众进行讲解交流的互动活动；有现场观众最喜爱的雕塑投票活动；还有展览开幕前就已经准备好的专门为儿童设计的作品手册和面向所有观众的展览手册等。作为一个非营利的艺术组织，海边雕塑展集合了多方面可利用的资源，以它特有的组织形式，成为目前最成功的大型公共艺术项目之一。

　　对于许多澳大利亚人来说，悉尼海边雕塑展让他们第一次体验到高质量的雕塑艺术，甚至成为一个火种，让他们做出了改变一生的决定——成为一名职业雕塑家。所以，如果可以，一生一定要来一次邦迪海滩，来感受这惬意的海滩文化，邂逅这不同寻常的艺术风景。在刘易斯·卡罗尔的《爱丽丝漫游奇境记》中，爱丽丝有过提问："我该去哪里呢？"柴郡猫则给了她最完美的回答："这取决于你想去的终点是哪里。"邦迪海边雕塑展，是起点也可以是终点。不论你想去哪里，只要置身在此地，可光着脚踩在柔软的沙滩上，再沿着邦迪海滩到塔马拉马海滩的两公里海岸步行道一路前行，一定可以一边欣赏大海的广阔，一边在不经意间去发现一件件似乎与自然本就浑然天成的雕塑作品，去享受这每年一次的神奇临时雕塑公园，去感受那些安装了雕塑的自然环境和令人惊叹的雕塑作品相互凝视所带来的视觉和思想的碰撞与启发，在自然和艺术的巧妙结合里寻找那闪烁着璀璨光芒的意想不到的华贵珍宝。

　　更多资料和信息可参考：

https://bondivillage.com/index.htm

http://www.bondibeach.com

https://sculpturebythesea.com/

https://www.innovatordiaries.com

从《开荒牛》到《深圳人的一天》：
公共艺术和深圳精神的塑造

孙振华 / 四川美术学院特聘教授

一

中国公共艺术的发展，是以"城市雕塑"作为先导而起步的。

1979 年深圳市成立，1980 年中国第一个经济特区在深圳成立，这个城市不仅是改革开放的试验田，在城市文化建设上，也见证了中国城市从城市雕塑到公共艺术的转变的过程。正是在深圳，奏响了中国公共艺术"春天的故事"。

我们很难想象，为什么在一个"万事开头难"的全新城市，同时又是在一个没有城市雕塑传统的国度，深圳最早的城市决策者会对雕塑情有独钟？这座刚刚诞生的年轻城市千头万绪，可是在它的日程表上，并没有疏漏雕塑这一项，可见这个城市早期决策者的眼光和见识。

要知道，直到 1982 年，"城市雕塑"这个概念才正式在国内推出使用，而在 1979 年深圳建市不久，市委书记吴南生就邀请了著名雕塑家、广州美术学院的潘鹤教授到深圳考察，看看能否选择哪些合适的地点建立雕塑。当车行大鹏湾时，有人提出深圳是鹏城，大鹏湾又有革命传统，建议能否在这里建一座大鹏的雕像？

此事还在酝酿，深圳经济特区就成立了。一年多以后，新任深圳市委书记的梁湘又找到潘鹤教授，旧话重提，说到了还没有实现的大鹏雕塑。这次，梁湘考虑是否将大鹏安放在深圳市委大院内。对此，潘鹤有不同看法，他认为大鹏是要飞的，放在香密湖或者哪个山顶都可以，放在市委大院里似乎不妥。将来的深圳一定会高楼林立，到那个时候大鹏会窝在一片高楼中，给人一种"笼中鸟"的感觉。于是，大鹏的构想搁置下来。

之后，又有人提出，莲花已入围参评深圳市花，能不能以一朵莲花形象的雕塑象征特区干部出淤泥而不染呢？潘鹤认为，莲花仍然不是最妥当。淤泥的含义显然不太合适，此时的深圳正在大规模招商引资，谁是"污泥"呢？莲花的形象也被否定了。

还有人提出一种图省事的办法，干脆雕两座石狮子放在市委大院门口算了，潘鹤更不认同：

深圳市委门口不适宜摆狮子，它会给人民群众一种老旧衙门的感觉。

到底做什么好呢？大家的思考还在继续。

两年后，梁湘又约来了潘鹤，两人在闲聊中，发现了他们之间的共同之处，那就是参加革命时都立志要"俯首甘当孺子牛"。潘鹤说，经过"文革"的破坏，大地一片荒芜，现在国家形势好转了，需要大家开荒建设，看来，我们这一代人注定是要"当牛当马"的，为了开拓未来，不如做一件牛的雕塑。梁湘听了非常认同，安排他住下来，立即创作。傍晚时分，晚霞满天，潘鹤徜徉在如同小乡镇的深圳马路上，此时的深圳如同一个巨大的工地，到处是拖拉机、推土机，灰尘滚滚，强烈的视觉冲击给艺术家带来了灵感。潘鹤马上动手做设计方案，题目定为《开荒牛》。

具体创作一头什么姿态的牛呢？接下去的两天，潘鹤一直茶饭不思，脑子里都是各种牛的形态。两天后，潘鹤到宝安去办事，偶然在一农舍旁看到一个盘根错节的老树根，他顿时眼前一亮！他立刻和农家主人商量，用8块钱买下了这棵造型独特的老树根，把它运到了梁湘的办公室。梁湘听了潘鹤的创意后，连连叫好，随即又"责怪"说，"怎么能让你掏钱呢，你应该回来告诉我，我派人去买回来才对嘛。"

《开荒牛》的方案出现在深圳市委领导班子的会议上，有赞成的意见，也有反对的意见。反对的意见主要是：为什么要做低头的"牛"而不是做展翅欲飞的"大鹏"？他们希望取"飞"的意思，广东人凡事讲吉利和彩头。在这个问题上，梁湘力挺潘鹤，《开荒牛》的方案终于确定下来。

经过近一年时间的呕心沥血，一座重4吨、长5.6米、高2米、基座高1.2米、以花岗石为基座的大型铜雕落成了。只见一头开荒牛全身紧绷，呈现出具有张力的肌肉线条，牛头抵向地面，四腿用力后蹬，牛身呈竭尽全力的负重状。牛身后拉的是一堆丑陋的腐朽树根，用的正是宝安买的那个树根的原形。整头牛的造型鲜明地体现出埋头苦干、奋力向前的开荒牛精神，同时轮廓和线条又极富动感和美感（图1）。

据潘鹤先生回忆，他创作《开荒牛》的时候，并没有对着牛写生，也没有对照片，完全是凭借对牛的记忆而创作的。1984年7月27日，在雕塑落成仪式上，梁湘徐徐揭开了覆盖在雕塑上的鲜红幕布，一座凝聚着特区开拓精神的铜雕终于呈现在世人面前。

对这件作品，潘鹤教授是这么解释的：马路上千千万万的拖拉机、推土机都是开荒牛；开荒牛后面的拖起的树根不只是树根，更是落后的意识、官僚意识和小农经济意识，它们盘根错节，如果不拔掉这些根，将来国家不会有发展。他还说，孙中山推翻了封建社会，砍掉了两千多年的封建大树，共产党要把"封建大树"连根拔掉。如果不拔，社会难以前进；不摒弃保守观念，思想无法解放。这头牛有一只前脚是跪着的，象征的正是这一代拓荒者鞠躬尽瘁精神。

《开荒牛》的建设的曲折过程，特别是做一头假牛比买一头真牛还要贵的故事是意味深长的。我们很难苛求当时的那位官员。对她而言，城市雕塑是一种全新的事物，这是她从未经历过的事情。这说明，我们的城市在发生变化，正由一个以农业文明为基础的边陲小镇转型为一个现代化的城市。在文化转型的年代，对于深圳特区来说，它最困难的不是硬件的缺乏，而是人的观念的转变和提升。

图1　《开荒牛》又名《孺子牛》，潘鹤，1984 年
（摄影：韦建诚）

二

　　《开荒牛》的故事到这里并没有完结。这件雕塑的后续故事以及对《开荒牛》雕塑的传播、解读，同样意义非凡，它折射出雕塑与社会的关系，雕塑与城市心理的嬗变，《开荒牛》成为一个具有巨大阐释空间的文本。

　　其一，现在《开荒牛》这个称谓似乎已成定论，然而，这个名字是一开始就有的，还是经过了社会的"再塑造"，在传播过程中，由公众和作者再次给予的呢？这是一个非常有意思的问题。

　　1984 年，潘鹤先生的这件作品在第六届全国美展获得金奖，题目就是《开荒牛——献给深圳特区》。可见这件作品的名称较早就由潘鹤先生确定了。但是在这件雕塑的基座上，直到现在镌刻的名字都是《孺子牛》。事实上，在深圳，关于这件雕塑一直并存在着两种叫法：如果按雕塑上的正式名称，应该叫"孺子牛"；然而在社会传播更广的是"开荒牛"。对此，潘鹤先生生前是这么解释的："雕塑通过后，起初命名为'开荒牛'，但考虑到'将来开荒完了怎么办'，最后取鲁迅的'俯首甘为孺子牛'之意，定名'孺子牛'。"

　　既然定为了《孺子牛》，为什么更多的人们还要将它称为《开荒牛》呢？从这件雕塑最初的创作动机和放置地点来看，站在市委、市政府的角度，这件雕塑主要是基于"孺子牛"的考虑，放在市委、市政府大院，更多是对机关党员干部的一种鞭策和激励。然而，这件作品以《开荒牛》的名字获得了全国美展金奖，产生了巨大的社会影响力，它的称谓的传播力超过了《孺子牛》；同时，这两个名字相比，开荒牛的涵盖面似乎更广，它不仅只是针对党员干部，它也泛指一切在深圳特区从事开拓、创造的深圳人。还有，《孺子牛》更侧重于道德形象方面，而《开荒牛》更能传达一种敢闯、敢干，不畏艰险，勇往直前的特区精神；因此，它也更能在深圳获得广泛的认同。

《开荒牛》雕塑落成以后，成为深圳精神的象征。几十年来，潘鹤先生无数次地对媒体讲《开荒牛》的故事，在一遍遍的讲述中，难免在一些细节上出现差异，到现在已经很难辨别哪一个版本更接近原初的事实。不过，站在公共艺术的立场上看，优秀的作品固然会赋予城市精神内涵；反过来，城市也会根据自身需求，不断对作品再定义，在公共艺术的传播中，这种双向互动是一件非常合理的事情。

其二，《开荒牛》由院内搬到院外，呈现出深圳雕塑走向公共空间的进程。

《开荒牛》建设之初，并没有太多考虑雕塑和城市公众的关系，以及与公共空间的关系。《开荒牛》雕塑由于受到了深圳乃至全国的欢迎，在公众中引起了强烈的共鸣。而市委大院的警卫制度，使绝大多数市民只能在电视或者图片上看到它，普通市民不能随意进入院内和这件喜爱的作品拍一张照片。于是，市民们通过各种途径，不断反映他们要求将《开荒牛》迁出市委大院的要求。1998 年，市民的愿望终于实现，深圳市委常委会会议决定，将《开荒牛》搬至市委大院门外，于是《开荒牛》走到了市民中间（图 2）。

《开荒牛》放置地点的变化，对应的正是中国城市空间不断开放、不断走向公众的过程。把《开荒牛》放置地点的变迁放在公共艺术发展的历史进程中来看，它反映的正是公共艺术的民主化，社会对市民文化权利日益彰显的这个时代趋势。

图 2 《开荒牛》，潘鹤，1998 年（迁出后）

其三，继《开荒牛》之后，深圳还出现过两件关于牛的著名作品，这三件关于牛的作品，从不同侧面反映出了深圳这个城市的发展和变化。

经过十多年的奋斗，20 世纪 90 年代，一座新城的面貌已经形成。这个时候，城市的财富积累也达到了一定的程度。1994 年，在《开荒牛》落成 10 年之后，又一座名为《盖世金牛》的雕塑在深圳蛇口四海公园落成了。整座雕塑用黄铜铸造，长 30 米，高 8 米，重达 100 吨，是当时国内最大的牛雕塑，号称"天下第一牛"。金牛全身装饰华丽，身披盔甲，背上鬃毛和牛尾呈火焰状朝天飞舞，更让人印象深刻的是，牛身驮的是一块块金元宝。这座雕塑由著名艺术家韩美林设计，著名剧作家魏明伦为作品创作了《盖世金牛赋》，书法家康赢题碑，著名书法家沈鹏题写"盖世金牛"四个大字（图 3）。

对于《盖世金牛》，曾有人在当时深圳的报纸上发表过不同意见，认为身驮金元宝的牛，有一种炫富的感觉，反映出一种暴发和自满的心理。

当年对于《盖世金牛》的这种议论，确实可以感到，雕塑是城市的镜子，它在很大程度反映出了社会心理的嬗变。经过了十多年的奋斗，许多深圳的拓荒者在这个城市创造了奇迹，也获得了财富。深圳再也不会被人看作小渔村了，社会上流行"东西南北中，发财到广东"的说法，而是被看作一个遍地是财富的地方。客观地说，《盖世金牛》的出现，确实反映出了一部分人在获得财富后的满足感。

令人深思的是，创作实力强大的雕塑团队花 350 万元重金所创作的《盖世金牛》，无论从影响上，还是从社会传播力上，都远远没法和《开荒牛》相比，这说明了什么问题呢？

图 3　《盖世金牛》，韩美林，1994 年

图4 《家园》，傅维安，1998年

这只能说，雕塑与城市是一个相互选择的关系。比较起来，《开荒牛》所体现出来的质朴、真诚以及更为明确的意义指向，最能反映深圳这座城市的开拓精神和奉献精神，最能象征深圳那一批"拓荒牛"的内心世界，因此它也最能得到这座城市的认同。

1998年，深圳街头又出现了一组牛的雕塑，这是在红荔路和上步中路交汇处的绿化带上，由中国美术学院傅维安教授创作的《家园》。这是第七届全国美展的铜奖作品，这件作品放在此时的深圳，又具有一番意味。

这是一个牛的家庭，两大一小。和《开荒牛》《盖世金牛》动感十足的样子不同，这三头牛显得非常恬静、安详，正好体现出一种家园的温馨感。傅维安教授在造型上，采用了半抽象的语言，简练、概括，对细部不做细致的刻画，对牛这种典型的农耕文化符号，大胆进行了现代造型的处理（图4）。

《家园》反映出了深圳的深刻变化。过去深圳人见面，总喜欢问对方是哪里人，这是因为深圳是一个典型的移民城市，绝大部分深圳人都来自外地，对于深圳，他们还缺少一份家园认同。在深圳建城的早期，许多深圳人在意识深处并没有把深圳当作自己的家，而是看作一个驿站，一次客居，一次旅行；这里是他们淘金、赚钱的地方，一旦实现了目标，他们就会远深圳而去，回到自己的故乡。

现在，经过近二十年的发展，在1998年前后，深圳城市出现了一个转折，这个城市的凝聚力加强了，家园感增强了，"深圳人"的意识形成了，对深圳的认同诉求开始占据上风。特别是随着"深圳创造""深圳品牌""深圳速度"在全国产生了重要影响，"我是深圳人"的城市认同让他们感到自豪。这个时候，《家园》的出现，应该说恰如其实地反映出了深圳这座城市文化心理的重大变化。

如果说《开荒牛》雕塑采用的还是相对传统的写实雕塑语言，那么到了《家园》则采用的是现代的半抽象语言；雕塑材料也变成了不锈钢喷红色金属漆。鲜亮的色彩，成为一个靓丽的现代化新城的象征和写照。

三

在《深圳人的一天》出现之前，深圳雕塑出现了非常重要的两个变化，这两个变化可以看作是公共艺术正式登场的前奏。

　　首先，深圳雕塑的本土化问题开始得到关注，深圳的本土意识和本土的艺术力量开始崛起。

　　在深圳建设前期，雕塑舞台上主要是外来雕塑家在唱主角。即便深圳以建设国际性城市为目标，创作上本应不分本地和外地；然而，一个城市如果没有自己的雕塑家队伍，没有本土的原创力量，则不能不说是城市文化建设上的缺失。

　　本土化还不仅仅涉及创作人员的多寡、素质的高低问题，更重要的，深圳雕塑的本土化意味着深圳的雕塑创作和活动必须寻找自己城市的文化个性，面对自己的文化问题。深圳雕塑需要找到自己的现实针对性，拥有自己的话语权。用公共艺术的语言来表达，本土化的问题就是公共艺术所十分强调的在地问题，或者说地域性的问题。

　　1991 年 9 月 1 日，深圳雕塑院正式挂牌成立，这是深圳雕塑走向本土化，培养自己雕塑力量的一个重要举措。

　　刚刚成立的雕塑院立即进行了深圳城市雕塑的普查，用 5 个月时间编制了《深圳市城市雕塑总体规划》；从这个时候开始，深圳城市雕塑的建设和管理，从规划、设计、报建、审查、验收等每个环节都开始有了制度规范，这些当时在全国范围内是处于领先地位的。

　　这个时期，深圳雕塑家的队伍也在慢慢壮大，一批来自全国各地的雕塑艺术家开始在深圳安营扎寨。这些都是深圳雕塑本土力量聚集的结果。

　　其次，经过积淀和酝酿，深圳城市的文化个性开始形成，其中一个突出的特点就是平民化。

　　深圳作为移民城市，居民来自四面八方，相对于传统的熟人社会，深圳居民需要在这里建立一种新的人际关系。深圳又是一个市场经济相对发达的城市，出于经济活动的需要，它也慢慢形成了一套与市场经济相匹配的城市伦理和社会行为规范。表现在文化上，就是它的平民化。

　　深圳的这种平民化表现在强调"英雄不问出处""来了就是深圳人"，不太关注一个人过去的经历和他的家世、背景，而是更看重他现实的能力和可能性。深圳以市场为中心，形成了相对宽松、包容的社会心理。他们不愿意干预他人的生活，不关心他人的隐私；在经济活动中，崇尚务实，注重契约精神，"有钱大家赚"，而不是相互拆台、挤兑；他们千方百计寻找商业合作的机会，实现利益均沾……

　　正是在这样的背景下，一种以平民化为特色的新的都市文化在深圳形成了。

　　1998 年，是《开荒牛》搬出市委大院的那一年，也是雕塑《家园》落成的那一年，深圳华侨城出现了体现普通都市人群的系列雕塑作品——《都市风景线》。在这组雕塑中，有坐在街边的老人，有推着婴儿车的妇女，有看电脑的都市青年，有热恋中的青年男女……这是都深圳雕塑即将发生变化的信号（图 5）。

　　深圳雕塑的本土化和平民化，为《深圳人的一天》的出场做好了充分的铺垫和准备。

四

　　《深圳人的一天》是深圳市规划国土局于 1998 年所推进的城市公共空间改造的 14 个项目之一。该项目位于深圳市福田区园岭社区红荔路北侧的街心绿地，由加拿大戚杨建筑与规划设计顾问有限公司和深圳雕塑院共同策划，深圳雕塑院负责组织、实施；从 1998 年 5 月开始规划、调查，直至 2000 年 5 月制作、施工完成，历时 2 年。

图 5　《都市风景线》，王强等，1998 年

图 6　《深圳人的一天》（全景鸟瞰图），集体创作，1999 年

　　本项目是以 18 位等大铸铜人像为主体，辅之以背景墙、凉亭、绿化、石径、灯光、音响等元素的公共艺术综合体，占地 6487 平方米（图 6）。

　　《深圳人的一天》随机选择了 1999 年 11 月 29 日这一天，创作者根据事先拟定的类型，在深圳园岭社区周边遵循陌生化、偶然性的原则，寻访到 18 位普通深圳人，他们是：设计师、外来求职者、公务员、中学生、休闲的女人、服务员、股民、老外、银行职员、保险业务员、晨练老人、幼儿园小朋友、包工头、港商、医生、打工妹、清洁工、小学教师。创作者在征得他们同意并签署协议书之后，真实地按照其当时的衣着、姿态，照原样将他们翻制成为青铜塑像，并在铜像旁标明其真实的个人资料：姓名、年龄、籍贯、何时来深圳、从事何种职业。环绕 18 个人物的，是四块黑色的大理石背景墙。

　　主背景墙镌刻着："1999 年 11 月 29 日 / 深圳人的一天 / 平凡的日子，普通的人 / 石头的历史 / 城市的故事"（图 7）。

　　其他背景墙上用计算机雕刻技术镌刻出 "数字的深圳"，记录了这一天相关的各种城市生活数据，如城市的基本统计数据（总人口、面积、行政区划、年龄与性别结构、人均收入、寿命、教育、通信、医疗、保险、住房、交通、股市走向等各种数字）；浮雕墙还用复制的方式，镌刻出《深圳晚报》的报纸版面、国内外新闻、本地新闻、读者热线、外汇价格、甲 A 战报、空气质量、股市价格、农副产品价格、影视预告等内容。在背景墙上的 "城市大事记" 中，则记录了深圳建市二十年来的重大事件。

　　11 月 29 日这一天和这一天生活在深圳的 18 个普通人，永远定格在了这里。

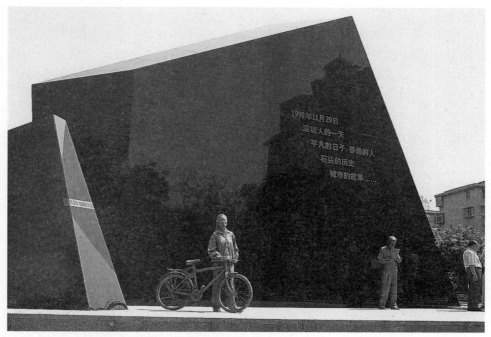

图 7　《深圳人的一天》雕塑及背景墙，1999 年

《深圳人的一天》一经问世，便引起了轰动，它以一种全新的公共艺术的理念和方法，引起了学术界和公众的广泛关注。

中央电视台前后对《深圳人的一天》做过了四次报道；2000 年中央电视台一套制作了长达四小时纪念深圳特区二十周年的节目《历程》，节目重点介绍了《深圳人的一天》，并将部分"深圳人"的原型请进了央视演播大厅。中央电视台人物专访节目"东方之子"对《深圳人的一天》的总策划和项目负责人、时任深圳雕塑院院长的孙振华进行了专访。2000 年前后，共有二十多家省级电视台到《深圳人的一天》的作品现场进行采访、报道。《深圳人的一天》2004 年获建设部、文化部颁发的全国城市雕塑建设特别奖；2009 年入选建设部、文化部"新中国成立六十周年 100 件优秀城市雕塑"。

从《开荒牛》到《深圳人的一天》，见证了公共艺术与区域发展，见证了城市精神变迁，完成了深圳由城市雕塑向公共艺术的转变。这种转化究竟体现在哪些方面呢？

一、创作主体的改变

长期以来，中国城市雕塑的创作无非是两类方式，一种是个人创作，一种是集体创作，几十年来，基本如此。

《深圳人的一天》力主用公共艺术的观念来指导创作，自觉践行公共艺术的主张。在创作主体方面，率先采用了跨界合作的创作模式，雕塑家、规划师、建筑师、新闻工作者、普通深圳市民共同进行创作。

迄今为止，都不能说《深圳人的一天》是哪个人的作品，也不是哪个雕塑家群体的作品，而是社会各界集体创作的作品。加拿大戚杨建筑与规划设计顾问有限公司的规划师、建筑师自始至终参加了创作；《深圳晚报》的记者参与了创作全程；18 位普通"深圳人"也是创作者；至于园岭社区居民，也多次接受采访，献计献策，积极参与到了作品的创作中。

公共艺术的要义之一，就是强调公众参与，通过参与来体现公共空间的民主化和共享、共有的价值观；在创作主体上，就需要将传统的单一化创作变成城市公众共同参与的创作活动。过去，城市雕塑通常是 1+1 的创作模式，即委托方 + 创作者；公共艺术则是 1+N 的创作模式，它可以是委托方 + 艺术家 + 规划、建筑 + 社会工作者（新闻媒介）+ 社区居民，等等。《深圳人的一天》由各界人士跨界集体创作，就是创作主体改变的一大尝试。

二、创作观念的改变

公共艺术的核心是它的观念和方法。在《深圳人的一天》中，给人印象最深、也是最为打动人心的，是它创作观念的改变。

1. 创作出发点的改变

《深圳人的一天》在策划之初，只是提出了基本创作意向，并没有先入为主地包揽一切，策划者发起了"让社区居民告诉我们做什么"的社区居民的意见征询。策划者认为，对于公共艺术而言，它的创作者首先应该是一个社会工作者，他们首先要做的工作是了解社会，了解公众，让公共艺术尽可能满足公众需要，真正实现公共艺术的"为人民服务"。

在征询意见的过程中，社区居民提出了非常好的意见。例如，他们多数同意建一个以人物为主的雕塑园区；但他们反对建喷水池，因为在不喷水的时候，喷水池非常难看；他们主张在园区内建石板小径，利于居民散步；他们希望建两个凉亭遮风避雨，有地方可以歇脚休憩……这些合理的意见和要求在后来都得到了采纳和实施。

是从社区居民的实际要求出发，而不只是从创作者的主观构想出发，这是衡量一个项目是不是公共艺术的一个重要标志。

2. 表现对象的改变

过去的城市雕塑，表现的基本都是典型化、理想化的人物，例如历史名人、英雄烈士、杰出人才等。《深圳人的一天》采用了平民化的视角，让城市的普通人成为雕塑的主人，让雕塑的主角由名人变成了凡人，由圣贤变成了"草根"；这种改变在城市雕塑的历史上是具有开创性意义的（图 8）。

尽管《深圳人的一天》在最后的呈现方式上，仍然是人物雕塑的方式；但是，由于完成了平民视角的转变，雕塑主人的身份、地位发生了置换，所以真正体现出了它的公共性。

3. 开创公共艺术新的纪念性方式，让"非典型化"的微小叙事进入纪念性艺术的领域

城市雕塑历来强调纪念性，通常是一种"宏大叙事"，它的纪念性方式是神圣、庄严、伟岸、象征的。在公共艺术中，可不可以尝试一种新的、细微的叙事方式呢？能否以一种非典型化的、非官方的民间方式让普通人走进历史记忆呢？公共艺术纪念性的获得可以不是仰望的，而是平视的；不是有距离感的，而是亲近无间的。

事实上，在《深圳人的一天》的策划者心目中，这个项目虽然在一个并非城市中心的社区公园内，但他们希望它能和深圳建市 20 年和特区成立 20 年联系起来，成为一个"平民的纪念碑"，用一种另类的方式来记录深圳历史。

在一个城市里，大多数的日子和大多数的人群毕竟都是平凡的，一个城市既要记住神奇，也应记住普通。

图 8　《深圳人的一天》原型之一打工妹胡美娟，1999 年

《深圳人的一天》构筑的城市的另类历史，就是为了消解了城市雕塑的叙事传统，消解传统的纪念性方式，以富于建设性和实验性的方式为市民造像，为平民立碑。

三、创作方法的改变

有什么样的观念，就需要采用与之相应的方法。《深圳人的一天》与传统雕塑最大的区别之一，就是自觉的方法论意识。其实，传统城市雕塑也是有方法和方法论的，但方法较多局限在艺术学领域，同时方法论的自觉意识不够。《深圳人的一天》所强调的方法论，除了艺术学的方法，它更强调对社会学方法的运用。

1. 调查问卷的方法

这是社会学研究采用最多的方法。《深圳人的一天》在项目实施的过程中，先后有过三次大的调查问卷，它们分别是，创作前：让社区居民告诉我们做什么；创作中：了解社区居民对于雕塑和雕塑家的知晓程度；创作后：了解社区居民的对项目效果的反映。

好的公共艺术，确实应该遵循"从群众中来，到群众中去"的原则，调查问卷则是有效征求民意，收集意见的方式，它是公共艺术应该普遍推行的方法。

2. 头脑风暴、集思广益的创作方法

由于创作主体的改变，在《深圳人的一天》的创作中，始终强调艺术民主，广开言路，倾

听创作团队每个人的意见。

早在项目之初，由雕塑家、理论家、建筑师、规划师组成的创作工作坊就在深圳西涌海边进行了两天封闭式的头脑风暴会，整个项目的基本思路和做法就来自这次会议上的各种意见。

在后来的实施过程中，也是始终采取了开放式态度，让大家畅所欲言，形成充分发表意见的气氛，随时听取大家意见。

3. 公开化的方法

与创作团队的工作方法相对应，《深圳人的一天》在创作中面对社会和公众，也采用了公开化的方法。

在公开征求市民意见之后，创作团队制作了模型，初步拟定了创作方案，在深圳设计大厦的规划展示厅向市民进行了公开展示，广泛听取市民意见。这种开放的方式得到了市民的积极响应，许多市民对项目纷纷发表意见。在全体 14 个公示项目中，《深圳人的一天》在市民中的满意度名列第一，得到了市民评议的最高分。

4. 尝试纪实性的创作方法，最大限度地保留现实生活中随机、鲜活、偶遇的特征

《深圳人的一天》在创作方法上最突出的特点之一，就是它的纪实性。它追求生活的"横切片""瞬间凝冻""活化石"的效果；摒弃了几千年来雕塑创作寻找"俊男靓女"的习惯，采用非典型化的方式，在规定的时间和区域，根据寻找类型的需要，接触第一个所遇到的对象，如果顺利，进行后续；如果拒绝，则接触所遇的第二个，不做刻意挑选。在被访者同意后，忠实地记录、保留人物当时的姿态、服装、道具。

这种做法看似是自然主义的，似乎不符合艺术创作应该提炼、升华，以求反映本质、典型的原则。问题是，过去常常正是在追求所谓本质化、典型化的过程中，把生活中原生态的，最鲜活的生动性过滤了（图9）。

当然，《深圳人的一天》对纪实性的追求只是相对于这个项目所做的实验，并不意味着这就应该是公共艺术的普遍方法，但这种实验对公共艺术创作方法论的拓展和创新无疑是积极的。

5. 公共艺术创作的观念化方式

《深圳人的一天》在创作过程中，提出了一个口号："把雕塑家的作用降到零"，这个口号是与对纪实性的追求联系在一起的。既然它追求最大限度地还原生活，所以，也希望雕塑家把自己的主观想法、主观处理，塑造习惯统统放下。于是，《深圳人的一天》采用了翻制的方法，将人物裸露的部分，如头部、手部等采用做面膜的方式进行翻制；人物的服装和道具也是依据原件进行翻模（图10）。

这种"去雕塑""去技巧"的方式可以看作是公共艺术创作中的观念表达，即轻技术手段，轻艺术家的主观介入，让生活自己说话，让人物自然呈现。过去，雕塑家只是将模特作为自己

图9　《深圳人的一天》清洁工陈阿姨雕塑，1999年

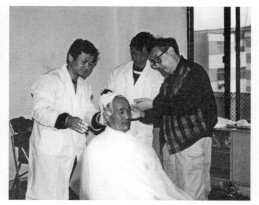

图10　《深圳人的一天》为"晨练老人"复制面膜，1999年

的工具，利用人物表现自己的观念、技巧和手法；现在，则要求艺术家最大限度地尊重人物本来样子，以最忠实的方式将人物原汁原味地翻制出来。

"把雕塑家的作用降到零"也是这个特定项目的口号，目的也是为了让创作者的意图和创作方式相吻合。这个口号曾经引起过争议，有些雕塑家认为这是对他们生存的威胁，实际这种看法是多虑了。如果熟悉了观念艺术的主张，就会发现，这仅仅只是强调了观念化的一种方式，并不是对雕塑技术的整体否定。

从《开荒牛》到《深圳人的一天》，是解读深圳城市的文化密码。作为中国改革开放之后所兴起的移民城市，这个城市在某种程度上也是城市雕塑和公共艺术的一个试验场。无论是"开荒牛"还是普通的"深圳人"，这些艺术的故事看起来也许是普通的，但随着岁月的流逝，这些普通的故事将散发出独特、长久的魅力。

注释：

[1]　深圳公共艺术在国内有"五个一"的说法：创作了国内第一件最具典型意义的公共艺术作品《深圳人的一天》；召开了国内第一个公共艺术论坛"公共艺术在中国"（2004年）；出版了第一批公共艺术的研究著作：《深圳人的一天》《公共艺术在中国》《公共艺术时代》等；制定了国内第一个公共艺术总体规划"攀枝花市公共艺术总体规划"；成立了国内第一个公共艺术的公立机构"深圳市公共艺术中心（2011年）"。

[2]　郭小宁.听潘鹤讲开荒牛的故事[N].中国艺术报，2008-12-19.

[3]　吴春燕.改革开放的象征：雕塑家潘鹤谈雕塑《孺子牛》创作背后的故事[N].光明日报，2014-9-10.

衔接人、自然与社会的艺术精灵：
洪世清岩雕创作及价值分析

徐永涛 /《雕塑》杂志副主编

  在当代公共艺术的丰富类型中，岩雕作为一种特殊的艺术形式，既属于当代公共艺术范畴，同时又拥有公共艺术、大地艺术、浮雕艺术、金石艺术乃至宗教艺术的相关特质，在不同的国家与地区，书写着惊人的辉煌与成就。有埃及阿斯旺的阿布辛贝岩雕、印度马哈拉施特拉邦的埃洛拉岩雕、约旦首都安曼的佩特拉岩雕、土耳其利西亚墓葬群的利西亚十三陵岩雕、埃塞俄比亚东北部的拉利贝拉岩雕等杰出作品。我国著名艺术家洪世清的岩雕艺术为其中的一个突出代表，他那几百件遍布浙江大鹿岛、洞头岛与福建崇武岛的岩雕作品，让艺术家的智慧才情与大自然赐予的独特材质完美融合，天人合一，人神同构，成为中国当代雕塑史上的不朽名作，影响深远。一方面，他的岩雕艺术上融合了中国古代雕刻、传统绘画艺术的元素，引入了西方抽象雕塑、大地艺术等诸多创作法则，具有较高的文化价值与艺术价值，被著名雕塑家钱绍武誉为"新中国的雕刻艺术中的一朵独一无二的奇葩"；一方面，他的岩雕艺术以其丰富的公共服务性特征，受到当地民众以及各地游客的喜爱，被著名艺术家刘海粟先生誉为"海天奇观"，为浙、闽两地的文化创意产业、文化旅游产业带来了重要的品牌提升与形象传播效果，产生了重要的社会价值与经济价值。洪世清也因其对艺术奉献终生的无限赤诚以及在艺术上的突出贡献，被业界誉为"东方的梵·高"。

  下面以浙江大鹿岛、福建崇武岛、浙江仙叠岩三地的岩雕艺术为例，综合探讨洪世清岩雕艺术的项目成因、风格特色、价值意义与社会影响。

一、洪世清岩雕艺术的形成背景

  岩雕是岩石雕刻的简称，也叫岩刻，是用坚硬的石质工具或金属工具直接在自然界的岩石上刻画创作的一种艺术方式。梁思成曾有言："艺术之始，雕塑为先。""盖在先民穴居野处之时，必先凿石为器，以谋生存；其后既有居室，乃作绘事。故雕塑之术，实始于石器时代，艺术之最古者也。"从这个意义上来说，雕塑是所有造型艺术的源头。具体到岩雕雕刻，可谓是历史上最为久远的艺术门类。

中国古代有摩崖石刻，指古人在天然的石壁上摹刻的各类文字石刻、石刻造像，主要分布在山东、陕西、湖南、湖北、四川、云南、广西和福建等地区，表现内容涉及文学、人物、历史、医药和水利等方面的内容。世界各国更多存在的是各类岩画，是用粗犷、古朴、自然的方法描绘、记录古人的生产方式和生活内容，主要以露天岩刻为主，非洲的阿尔及利亚、安哥拉、埃及、埃塞俄比亚、肯尼亚的岩画艺术历史悠久，主要反映狩猎场景；欧洲南部伊比利亚半岛、法国南部、阿尔卑斯山区、意大利南部和斯堪的纳维亚半岛诸国的岩画艺术更为精美，主要表现动物题材；印度中部文迪亚山脉丘陵地带的岩画可追溯到距今两万年前的旧石器时代晚期，主要表现宗教内容。作为人类社会的早期文化现象，无论是摩崖石刻还是岩画，都是人类先民们给后人的珍贵的文化遗产，有着丰富的历史内涵和史料价值。

发展到近现代，随着岩雕艺术的纪事、祈福功能渐渐失去，其在西方国家更多地成为艺术家表达情感、反映生活的创作方式，在中国则近乎销声匿迹。因此，岩雕虽然是雕塑造型中一种最早也是最为特殊的艺术表达方式，在古今中外均有存在，但一直并没有形成专门或统一的概念称谓，也没有形成完整的体系研究。

1985 年起，福建晋江籍艺术家洪世清分别在浙江玉环荒无人烟的大鹿岛、洞头岛与福建崇武漫漫无际的海滩上进行岩雕艺术创作，历经十余载，以艺术家的智慧才情结合大自然的独特材质，以圆雕、浮雕与线刻的综合技艺，以追求自然美、残缺美的审美情操，采用夸张、变形、大写意的浪漫手法，顺势布局，因石赋形，依海而凿，略施斤斧，创作了许多大型摩崖与系列岩雕作品群，其丰富的艺术价值与社会价值引起了国内外的瞩目，由此续写了岩雕艺术继往开来的新篇章。

二、洪世清岩雕艺术的创作历程

1. 创作初衷——绘画名家的石雕情怀

洪世清，福建晋江人，1954 年毕业于中央美术学院华东分院并留校任教。擅长国画、版画、雕刻、书法、水粉、摄影等艺术，曾得黄宾虹、潘天寿、刘海粟诸家指点。连续获得获鲁迅版画奖、鲁迅文学艺术奖，铜版画作品《黄宾虹像》为中国美术馆收藏，中国画作品《熊猫图》被美国堪萨斯州大学博物馆收藏。其金石曾得齐白石老先生的夸奖，中国画被潘天寿高度评价，指头画被称为"当代一绝"。罗马尼亚油画家埃·乌琴博巴称其为"潘天寿后又一位天才"，与吴作人有"南洪北吴"之誉。与绘画、书法等其他领域的艺术成就相比，洪世清的岩雕艺术更具影响力。后来的事实证明，洪世清岩雕艺术上取得的惊人成就，是真正让他名声大噪、享誉海内外的重要原因（图 1）。

20 世纪 80 年代改革开放后进入艺术成熟期的洪世清，有着那一代人特有的艺术才情与美好理想。他在绘画领域取得骄人成就之余，更是酷爱石雕艺术，曾多次涉足龙门、云冈、大足等古代石刻艺术宝库，屡为石雕造型艺术的魅力所吸引，因其显示着华夏民族丰富的思想观念和审美理想，渗透着禅宗、儒家思想和老庄哲学思想。这成为中国古代艺术家们创作的规范，在彰显"成教化、助人伦"功能的同时，更能陶冶性情、净化思想、振奋精神。在长期的艺术考察与探索中，他开始思考如何使石刻艺术在 20 世纪的艺术历史阶段不致留下空白，能否创作一批既有传统石刻艺术风格又有时代气息的新作，能否从美化自然美化生活、满足群众审美需求出发去探索岩雕艺术？多年来，这些创作构想一直在洪世清的脑海里萦绕，激发着他的巨大创作激情。

2. 实施案例——三处经典的岩雕艺术群落

（1）玉环大鹿岛牛刀初试

1985 年，洪世清来到大鹿岛旅游考察，被这里的人文气息所深深打动。这里有着丰富动人的美丽传说，相传古时天庭有只神鹿，因偷衔仙果撒于人间而被坠入东海，成为一个类似鹿形的孤岛，被人们尊称为大鹿岛（图 2）。大鹿岛优美的自然环境与优良的礁石材料让洪世清萌生了创作岩雕艺术的念头。他强烈觉得，如果不能在这里创作能够展现大自然魅力的石刻艺术，将是一生的遗憾。他的艺术思路得到了玉环海洋集团公司董事长许声富的支持，由此坚定了在大鹿岛开启岩雕艺术创作之旅的设想。

为了实现岩雕艺术创作，洪世清寻遍了大鹿岛每一处角落，从峭拔的奇岩、飞扬的流泉、穹隆的洞穴中去获得艺术创作的灵感与激情，还邀请了著名美学家、雕塑家王朝闻及各方面专家来大鹿岛反复论证，并由此引起了玉环市委、县政府的重视与支持。于是，洪世清在大鹿岛上搭起脚手架，带领着几个当地石匠，让海涛轰鸣的大鹿岛上响起了叮叮当当党的凿岩声，让第一组海洋生物岩雕作品在这里问世了

图 1　洪世清

图 2　大鹿岛

图 3　大鹿岛浮雕鱼群

（图 3）。此后，洪世清数上大鹿岛，以石赋形，以海生动物为题材，完成了秦汉风格岩雕近百座。这些岩雕作品以海生动物为题材，取法秦汉雄风，顺势布局，因石赋形，略施斤斧，人天同构，极见粗犷浑厚、苍莽奇崛之气象，与十几处当代著名书画家的摩崖刻字一起，让自然美和人工美水乳交融，使得大鹿岛声名鹊起，被时任浙江省委书记的王芳题词赞誉为"东海碧玉"。

（2）惠安崇武岛大显身手

　　1990 年 4 月，时任福建省旅游局副局长的张木良到浙江美院看望在该院读书的女儿，经友人推荐而慕名拜访了洪世清。看到洪世清在浙江大鹿岛雕凿的海生鱼类艺术照片，张木良被深深吸引，产生了邀请洪世清到家乡崇武创作岩雕的想法。洪世清欣然应邀，决定到崇武开辟一个新的大地艺术创作基地，为崇武旅游业的发展做贡献。洪世清在崇武海边实地考察后，确定了在古城东南隅海边因地制宜、凿雕百件以上海生鱼类岩雕的试点方案。但由于当地政府财政并不宽裕，无法支付雕制 100 多件作品的设计制作经费，导致崇武岛岩雕创作计划一度搁浅。所幸的是，香港"塑料原料大王"、闽籍企业家黄保欣看了洪世清在浙江大鹿岛的岩雕和崇武试雕的作品照片后，被艺术家的创作精神和崇武岩雕旅游的未来前景所打动，慷慨捐赠了当时堪称巨款的 10 万元用于岩雕艺术开发，保证了洪世清在崇武海滩的岩雕艺术项目的顺利实施。于是，洪世清组织创作团队，在崇武岛开始了日日夜夜雕琢礁石的艺术创作，完成了许多岩雕作品，也留下了许多感人的故事（图 4）。

（3）温州仙叠岩再续前缘

　　一次偶然的机会，洪世清在走访了洞头的景区后，心头燃起继续从事岩雕的想法，于是选中仙叠岩，作为他继大鹿岛、崇武半岛之后的第三处岩雕创作地（图 5）。这时的他已是 74 岁高龄，仍然痴迷于岩雕，天天头顶烈日，亲自挥舞锤凿，一丝不苟地敲打着坚硬的礁石，总共创作了 30 余处岩雕作品。在洪世清的一雕一凿中，礁石被蓦然点化成嬉水的鱼、横行的蟹、欢跳的虾等鲜活的海生动物，造型夸张，古朴粗犷，顾盼生姿。或悬于峭壁，或隐在岩底，或藏在洞壑，掩在林间……

图 4　崇武岛

图 5　仙叠岩

　　与大鹿岛、崇武岛岩雕所不同的是，洪世清在仙叠岩创作的岩雕除了栩栩如生的动物形象，还有形神俱备的佛教人物形象。鉴于仙叠岩有"观音训狮""观音足印"及中普陀寺等景点而蕴含着丰富的观音文化，洪先生据此展开创作，精心雕刻了十六罗汉、线刻观音（图6）、《菩罗心经》、神龟听经、弘一法师墨宝、钱君匋题字等景观，组成了观音文化系列岩雕。沿着仙叠岩的石砌游步道走，就会看到 16 个形态各异的罗汉线刻浮雕，这是根据藏于杭州雷峰塔由五代名僧贯休和尚所绘的"十六罗汉"而创作的，骨相奇特，姿态各异，艺术成就很高。"观音足印"下面的巨崖上刻上了观音浮雕像，边上刻有《心经》，为怀念在这里留下化身的观音大士。

三、洪世清岩雕创作成功的条件因素

1. 众人拾柴火焰高的团结协作

　　在洪世清一生的岩雕创作中，曾得到了多个政府、机构、企业及石雕艺人的帮助与支持。

图 6　仙叠岩浮雕观音

比如玉环市委、市政府，惠安县委、县政府，崇武镇委、镇政府以及附属的各部门机构；浙江省玉环海洋集团公司，玉环市坎门海洋渔业公司；时任福建省旅游局副局长的张木良，时为香港"塑料原料大王"的黄保欣……此外，还有陪伴洪世清一起在岛上敲打数年、不计名利的石刻匠人们，如张承昊、周良进等人。他们作为洪世清的得力助手，不顾年迈，不辞劳苦，每天头戴安全帽，手攀绳索，与大海礁石融为一体，配合洪世清在海崖上雕刻作画，创作了反映海洋生物题材的几百件作品。

2. 独特的地理环境与天然的材料优势

　　大鹿岛山体属雁荡山余脉坍陷入海形成，属大陆下沉的残片，孤悬在烟波浩瀚的东海，犹如一颗明珠与周围 134 个岛屿共同组成了美丽的景观。晚侏罗纪的火山基岩历经亿万年的海浪冲刷和剥蚀风化，形成了大鹿岛奇异的生态资源。由于长年受海浪的侵蚀，海蚀陡崖、海蚀洞穴到处可见，许多礁石应物象形，稍加雕琢皆可成为优美的艺术品（图 7）。加上这里山海风情并茂，景点众多，旅游资源丰富，具有极大的文化旅游开发价值，为洪世清在这里开启岩雕创作提供了良好的条件。

　　崇武岛是洪世清第二个岩雕创作聚居地。这里因有崇武重镇而得名，文化资源丰富，旅游资源众多得名，历史上有"海接东南一叶舟"之说，被称为"中国最美八大海岸"之一。优越的地理位置使崇武岛成为闽台以至两岸同胞交往联系的主要桥梁之一。这里岬角和基岩岸段众多，地壳运动造就了海蚀洞、海蚀阶地、海蚀崖、沙丘、沙垄等风沙地貌和自然景观。礁石材质多为由燕山期花岗石组成，便于雕刻。洪世清在这里进行了两批次的创作，截至 1993 年完成了 87 件岩雕作品，一经展示，广受欢迎，洪世清及其团队深受鼓舞，又陆续在进行了第二批次的创作，完成了大小 187 件作品。

图 7　大鹿岛岩雕鱼

图 8　仙叠岩岩雕龟

　　仙叠岩位于浙江温州洞头区。地如其名，层层叠叠的石头如同神力所为，故名"仙叠岩"。海滩、礁石、巨岩浑然一体，富有层次，有"海上盆景园"之美誉。这里的天然原石在自然因素的作用下已悄然显像，形成众多奇异的形态；岛上有丰富的观音文化遗存，流传着观音训狮、菩萨脚印、神龟听经等典故，这些都促使洪世清在他人生的第三处岩雕创作基地上，投入创作激情，前后总共创作了 30 余处岩雕作品（图 8）。

3. 特殊时期相对宽松的政策环境

　　洪世清在沿海利用礁石创作岩雕的时间基本是 20 世纪 80 年代中期到 90 年代中期，这十几年正处于中国环境保护事业发展起步的时期。当时适逢改革开放初期，相关法制不够健全，国人对环境保护重视度不够。虽然国家采取了一些行政、法律和经济的手段，来强化环境管理，以监督促治理，以监督促保护，例如，1979 年《环境保护法》正式颁布；1982 年国家设立城乡建设环境保护部；1983 年第二次全国环境保护会议上，环境保护被确立为中国的一项基本国策；1989 年修订了《环境保护法》，在第三次全国环境保护会议上，提出了环境保护三大政策和八项管理制度；陆续制定并颁布了《海洋环境保护法》《森林法》《水土保持法》等资源保护方面的法律；1993 年，全国人大设立"环境与资源委员会"，全国政协设立"环境与人口委员会"，各省、市、区上行下效建起相应机构，但在较为落后和偏远的东南沿海局部地区，在经济为先的时代发展环境中，环境保护方面的约束力还是不大。这也使得洪世清的岩雕创作成为一种可能，而且在推动文化与旅游发展方面利大于弊，得到了当地政府及相关方面的支持。2002 年 11 月，中共十六大提出要全面建设小康社会，将"可持续发展能力不断增强，生态环境得到改善，资源利用效率显著提高，促进人与自然的和谐，推动整个社会走上生产发展、生活富裕、生态良好的文明发展道路"作为主要内容之一。通过政策解读可以发现，洪世清以岩雕创作在带动产业发展、有效改善生态环境、促进人与自然和谐、推动生活富裕与生态良好的文明发展道路方面具有超前意识，更是具有存在的合理性、先进性。

4. 充分的实地考察、调研与创作准备

为创作好岩雕，洪世清翻阅了大量资料，还到京沪杭等地的自然博物馆参观、搜集动物形象资料。在实施制作时，他反复思考，精益求精：有时一条线要反复刻画多次，所花费时间比打凿还要多；他选择协助雕刻的石工作助手，不注重石工的美术涵养及打凿技术水平，只要会操作雕刻工具、富有热情并乐于参与即可。他认为这样的石工能很好地配合他的工作，可以使作品去掉油滑、与死抠细节局部的弊病，艺术上获得他所需要的朴拙、乡野的趣味。洪世清在创作之前，常于乱石间枯坐一整天。治石先治心，悟海先悟己，他通过看石、悟石、品石，观摩石头的肌肉与筋骨，感悟石头的性情与品格，体验礁石令大海与暴力彻底绝望的耐性，最终把石头里的大海与星空掏出来。因此，他的创作岩雕坚持因材施艺，力求将对象固有的自然形态美、岩石质地美充分发挥出来。

5. 长期的创作实践与艺术积累

洪世清自 1954 年从华东分院毕业后，因为成绩优异而留校任教。他与版画家张漾兮一起创办了版画系，开创了中国美院版画系的先河。与此同时，他广泛涉猎中国传统艺术，对新石器时代彩陶，商周青铜，秦汉的瓦当、画像砖、画像石，唐代陵墓石刻，宋代泥塑，辽代壁画等均有成体系的研究，他后来还获得全国鲁迅版画奖。洪世清对海洋文化与海岛风情一直情有独钟。早在 20 世纪 60 年代，就曾为宣传浙江舟山蚂蚁岛的新风尚，专门深入到岛内体验生活。每天背着画夹、画笔，起早摸黑地到海口下船头、走渔家、进网场，捕捉心中的创作灵感。他深深为蚂蚁岛得天独厚的原生态自然环境，岛民自力更生、互帮互助、艰苦创业的奋斗精神和淳朴、热情、友善、诚挚的好客之风所倾倒，心头的创作冲动因此汹涌而出。他创作了《坚持婚事新办的好公社：浙江普陀蚂蚁岛的新风尚》系列作品，由浙江幻灯片制片厂制成幻灯片，在省内外宣传发行，成为宣传蚂蚁岛新风尚的经典力作之一，15 幅作品也由舟山的博物馆收藏，

成为一份不可多得的普陀地情珍贵资料。他由此爱上了大海、岛屿和渔民们，愿意为其而创作。这些都说明了洪世清的岩雕创作不是空穴来风、一时兴起所致。

6. 善于留白，艺术留给未来的无私胸怀

洪世清的创作思考是深远的，大鹿岛有的岩雕还尚未最后完成。洪世清曾表示，"我想探索三段创作法，即：自然形态、艺术加工各分别占三分之一，剩下三分之一让它回到大自然中去再创造，让风吹、浪打、雨淋，抹去人工味，估计会更美，更有艺术魅力。最后的这三分之一，是超出人力的施为，体现了洪世清的境界。毕竟，海水会慢慢侵蚀石头，驯化石头，海水会与石头促膝交谈，海水与石头在对峙之中日久生情……海水会掏空石头，清洗斧凿之痕，赋予岩雕作品的天然之美。这种善于留白，把艺术留给未来，与天地人互动的艺术创作与思考方式，恰是当代公共艺术、大地艺术的典型特征，也为洪世清的岩雕艺术留下了更大的价值空间。我洪世清岩雕作品的最大的艺术参与者、审判者，实际是大海。大海的神奇力量代表了时空和天然的赋形之力，这绝非人力工艺可以独立完成的，也许是上苍假借洪世清的手，实现了对自然之物的这神奇点化。比如滩头产卵的那只巨大石龟，随潮汐沙滩的变化而沉浮，时而露身时而探头；在礁边有一群觊觎之鱼，时在水底时在水面；在海堤上有一螃蟹，被大浪推动，不断转向移位……人石合一，人海合一，天人合一，既是艺术家对大海的托举，也是大海对艺术家的加持。"

四、洪世清岩雕的艺术特点

正如诗人艾青所说"它的脸上和身上，像刀砍过的一样，但它依然站在那里，含着微笑，看着海洋……"洪世清通过长时间对礁石的认真观察，得出了岩雕创作的基本准则，借助礁石不同的色泽、造型、肌理、瑕疵，因材施艺，应物象形，把蕴含在石头之间的精彩故事提取出来，展示了一种人石合一的天地观与造物观。

1. 独特的造型空间

与阿尔及利亚的阿杰尔塔高原岩画、法国拉斯科岩洞岩画、西班牙阿尔塔米拉岩洞岩画等平面造型相比，洪世清的岩雕艺术是一种立体造型，占有着更大的空间尺度。而与同为立体造型的一些岩刻相比，洪世清的岩雕艺术有着独特的空间形态。不管是古代普韦布洛人民所建设的班德利尔国家纪念碑式雕刻、埃及的阿布辛贝纪念神庙雕刻、美国科罗拉多州蒙特苏马县的梅萨维德峭壁宫殿雕刻等，还是土耳其利西亚墓葬群岩石雕刻建筑、埃塞俄比亚的拉利贝拉岩石雕刻教堂，或中国的云冈石窟石刻、龙门石刻、敦煌莫高窟、麦积山窟石刻、大足石刻、乐山大佛，都是以巨大石材的后面为支撑，塑造的是向上、下、左、右、前总共五个方向凸出的形体，便于观者从上、下、左、右、前五个角度上欣赏。洪世清的岩雕艺术更多是以巨大石材的下面为支撑，塑造的是向上、左、右、前、后总共五个方向凸出的形体，观者可以从向上、

图 9　大鹿岛岩雕海豚

左、右、前、后总共五个角度观察（图 9）。

2. 简约写意的艺术手法

　　洪世清的岩雕艺术综合了抽象、具象、意象的创作方式，形成了独具面貌的意象造型法则。这些岩雕作品完全可以借助中国古代美术品评作品的标准和美学原则进行解读，例如南朝谢赫"六法论"，这本是一个关于绘画理论体系框架，如果用于对洪世清的岩雕艺术的解析，则是极为贴切。如，"气韵生动"原指作品中刻画的形象具有生动的气度韵致，富有生命活力；"骨法用笔"原意为笔法，对洪世清而言则是刀法，以中国传统绘画中线的准确性、力量感和形式变化来表现对象的结构与张力；"应物象形"强调艺术作品形象与客观自然物象的相似关系；"随类赋彩"根据物象的形态施以不同的颜色；"经营位置"原指绘画构图，对于洪世清而言则是因材施艺，根据礁石的不同天然形态，施以不同的刻绘，让其遵循大自然的原意；"传移摹写"原意是临摹作品、掌握基本功、积累创作素材，对于洪世清而言则是创作之前整理资料、收集数据，以利于创作实施。遵循三个"三分之一"的原则，洪世清一方面保持岩石自然形态，一方面进行艺术加工，并让时间去冲刷风化、日晒雨打，抹去人工雕琢的痕迹，让作品更具原始的野味，彻底融入自然，臻于艺术之美（图 10）。他以圆雕、浮雕、线雕为主，形象均为海洋生物，包括各种海鱼、海豚、海龟、海蟹、海虾、石蛙等。这些艺术作品或大致逾丈，或小到一尺，均与周遭环境浑然一体，给人留下了无限想象的空间。

3. 因地制宜的艺术构思

　　经过千万年大自然的洗礼，大鹿岛和崇武岛海边的每块岩石大小不等、形态各异、纹理清晰、变化万千，蕴含着无限的艺术生命。这些礁石主要生成于远古代、中生代和新生代，类型有花

图 10　崇武岛岩雕游鱼

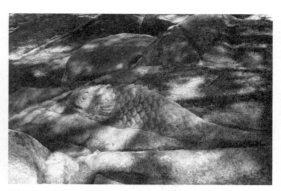

图 11　崇武岛岩雕卧鱼

岗石、石灰岩、红页岩、灰砂岩、火山岩等，在浙江、福建等地俯拾皆是，为洪世清的岩雕制作提供了源源不断的创作原料。但是并非每个岩石都可用作雕刻，而如何筛选并创造，全凭艺术家的一双慧眼。例如，岩石原料样式各不相同，有的岩石不能用作大型整体雕刻，只能在画面中采用小型或微型浮雕形式，选料和设计、制作方面极为费时费力；有的岩石硬度适中而便于雕刻，有的岩石则是硬度极高，雕刻起来难度极大；有些大型作品画面的整体设计，需要具有一定的设计、绘画、雕刻技能……这对于洪世清来说，并不是难事，这与他深厚的绘画功底、多年创作写生和细腻的雕刻技艺是分不开的。正如西方雕塑大师米开朗琪罗雕琢大理石时所说："出来吧，你这被禁锢的生命。"洪世清依据岩石的天然形态，以画龙点睛的手法，略施雕凿，惟妙惟肖，这堪称神来之笔，达到了气势恢宏和浑然天成的艺术境界（图 11）。因此，洪世清创作的岩雕画题材广泛，设计新颖，制作独特，特征明显，成为展现于天地之间的优美精灵。

五、洪世清岩雕的文化价值

1. 以中国大写意艺术为根，建构极简主义表现精神

　　洪世清创作的岩雕作品取材于大自然，利用岩石的天然形态而稍作雕饰，将岩石特有的灵性展现在天空与大海之间，创作出活灵活现的龟、鱼、虾等海洋生物。如同宋代文人费枢在《钓矶立谈》里谈到的"李营丘（成）惜墨如金"，他以极为简约的造型手法，达到了极高的文化价值与艺术价值。这种塑造上的简约，一方面反映了洪世清对中国古代绘画艺术中大写意手法的继承（图 12），是对古代摩崖石刻、宗教塑像、绘画艺术、书法艺术及民间美术等元素的进一步融合；另一方面也体现了他对第二次世界大战之后 20 世纪 60 年代西方现代艺术中兴起的极简主义的借鉴。极简主义以最原初的物体自身或形式展示于观者面前为表现方式，意图消解艺术家借助作品对观众感官意识的压迫性，淡化作品作为文本或符号形式出现时的暴力感，开放作品自身在艺术概念上的意象空间，让观者自主参与对作品建构的创作方式相一致。洪世清所造造的简约艺术形象，目的是借助观者感官的联想，自行将作品留下的空白进行补充，从而最终成为作品的共同作者。

例如他在一处大型峭壁上，利用横向断裂、凹凸不平的自然形态，以线刻方式刻画了一个鱼群游弋的场面，大鱼长达数米，小鱼不足一尺，种类不同，形态各异，相互穿插，别具意趣。他创作的那长 23 米、宽 15 米的"天下第一龟"充分运用了礁石的自然形态，粗略雕刻了几个局部，剩下的部分因潮起潮落有时隐含在海水下，有时露出海面，似乎在游动，极其生动。这就像著名雕塑家钱绍武所赞言："洪世清只是'找到了'并做了一点'引导'的工作，给了点'暗示'，这正是最高的技巧。但这里却说明了三个因素，一是尊重自然因素超过人工因素的哲学思维；二是有了汉代的精彩传统和榜样；三是有了世清这样的人格，这样的'童心'和领悟、这样的执着和艺术追求。只有这样的条件才使我们能见到这样的艺术杰作。"

图 12　洪世清写意绘画

2. 以西方大地艺术为形，探索与表达对自然的敬畏

洪世清的岩雕艺术创作与西方大地艺术有着很多相似之处。作为一种 20 世纪 60 年代末出现于欧美的美术思潮，大地艺术家普遍厌倦了现代高度标准化的工业文明下的都市生活，主张返回简单质朴的自然生活，他们以大地作为艺术创作的对象，或者在沙漠上挖坑造型，或者在海边移土填海，或者在河边垒筑堤岸，或者用颜料遍染荒山，并不是有意识地给观者欣赏。因为 1968 年在美国纽约杜旺画廊首次举行了举行"大地作品艺术展"，由此正式出现了现代艺术形态的大地艺术。代表性作品有迈克尔·海泽的《双重否定》，美国人罗伯特·史密森的《螺旋形防波堤》（图 13），他将土地、山谷、江海、公共建筑纳入创作材料一部分，成功制作出户外大型艺术作品，影响了世界艺术史的进程。

作为有美术学院教育背景的洪世清，本身对热爱中国传统文化，对中国画、书法研究颇深；同时，对西方艺术也并不陌生，尤其是 20 世纪 80 年代我国改革开放后，西方的艺术思潮被引进来，影响了一批中国当代艺术家的创作，其中也包含洪世清。这个时候的洪世清五十多岁，一贯留着灰白色的长发，蓄着长长的胡须，个人气质及艺术个性极为特别而强烈，对国门打开后进入的西方艺术很感兴趣。个人生活方面的不如意以及对都市生活的厌倦，使他越发怀念海边的乡村生活。受大地艺术家启发，他来到海边渔村开始了新的艺术探索。他以大自然作为创造媒介，把艺术与大自然有机结合创造出的一种富有艺术整体性情景的视觉化艺术形式。一批崇武岩雕中的乌龟、鱼、虾等活灵活现，随潮起潮落而神态各异，以岩雕形式为当代人民创作了形式各异的"大地艺术"。

与世界各国的大地艺术家相比，洪世清与他们有着相同的创作特点，比如：巨大、抽象的形态，持续时间长，充满仪式感；体现对自然的敬畏和强调人与自然的关系；给与自然环境以

图 13　《螺旋形防波堤》，罗伯特·史密森

人文因素，挖掘并赋予新的审美价值，以生命的本能赋予人类改造世界的能力，认为艺术与生活、艺术与自然没有森严的界线。不同的是，他在艺术中尝试将中国庄子的"天人合一"哲学思想进行具体实践化，注重作品的"场所感"，让作品与环境有机结合，通过艺术设计来加强或削弱海滩、岩石、岛屿本身的特性，从而引导人们更为深入地感受自然。

3. 以公共艺术为魂，实践美与生活的和谐之道

　　洪世清的岩雕艺术属于当代文化范畴的概念，体现了文化开放、共享、交流的精神与价值，是公共艺术的重要组成部分。随着我国城市化进程的加剧与公民素质的提高，公共艺术已经成为城乡多维度价值构建的重要一环，同时也是引领乡村振兴和城市更新的新兴发展路径，而服务文旅更是重要的实现方式。因此，洪世清的岩雕艺术有着鲜明的现实意义与时代意义。

　　这与贵州夜郎谷雕塑群的案例有着极为类似。贵州夜郎谷雕塑群是由艺术策划人宋培伦开辟的公共艺术项目，有效融合了人、艺术、环境、社会发展的关系，契合了环境友好、可持续发展的理念，把当地乡土材料、河滩石块堆叠成一座座反映当地原始文化与民俗风情的面具、头像式雕塑，塑造了代表新时期贵州少数民族的文化符号，成为贵州省乃至西南部重要的文化名片之一（图 14）。

　　洪世清与宋培伦都是当代公共艺术与区域发展的创造者，具有超前意识，敢于尝试，勇于创新，在社会实践层面上还没有尝试，在理论研究领域还处在了解概念、分析可行性的时候，就已经身体力行地进行着以天地为背景，以山石、海岩为材料的巨型公共艺术的创作与实施。他们是当代文旅、文创产业的先觉与先行者，把历史、人文、时代与个人情怀相契合。

4. 以社会雕塑为笔，谱写与呼吁人类世界的永久和平

　　"社会雕塑"概念是由以装置艺术和行为艺术为主要创作形式的德国艺术家约瑟夫·博伊斯提出来的。博伊斯认为，人类长久以来的城市文明是建立在对大自然的侵略和征服基础上的，包括"园林景观""公园建筑"在内的人造景观本质上都体现了人类试图掌控自然法则的人类中心主义思想。因此，他创作了名为《7000棵橡树》的作品，目的是要彻底反叛这个传统，用艺术去重建一种信仰，重建人与人、人与物以及人与自然的亲和关系（图15）。洪世清的岩雕艺术有异曲同工之妙，几百个散布在东南沿海的岩雕艺术作品与博伊斯放置在卡塞尔市弗里德里希广场上的7000块象征着原始能量、代表历史和过去的玄武岩，种植在弗里德里希博物馆入口处草坪上的7000棵象征未来和进步的橡树一样，是借助民众的参与留下用自己的双手创造美好生存环境的永久记忆，是对"人类生存空间"的美化与改造，目的是呼吁世人追求世界的永久和平。

　　将公共艺术放置于更为开阔的海滩或岛屿之中，为东南沿海打造了独特的城市文化名片，用经典艺术的极致表现形式推动实现人与自然和谐一体的艺术与生活空间，最终呈现出沿海地带用文化和艺术畅快呼吸的生活状态。对洪世清来说，岩雕艺术创作不是按照既定的审美理念和城市规划来设计和创造的，不是为了装饰和美化城市环境、服务群众生活，而是探索如何体现对人类自身的超越和表达对自然性、社会性、公共性诸多命题的关注。

图14　贵州夜郎谷雕塑

图15　《7000棵橡树》，约瑟夫·博伊斯

六、洪世清岩雕艺术的经济价值

洪世清带领一批石匠从事岩雕创作，除了创造了文化价值与艺术价值，在经济价值及社会价值方面也具有突出而重要的推动作用。

1. 文创产业方面的恢复性、挽救性价值

首先是直接带动了当地石雕产业与文创产业的发展。玉环市历来石匠辈出，远近闻名，早年村里专门设有"石头组"，聚集了大量打石头的"老师头"。他们以自己的出色的手艺在为周围民众服务的同时，也得到了较高的收益，维持着各个家庭的经济收入。20世纪80年代中期，随着以钢筋混凝土建造民房的新材料、新技术的兴起，传统石刻行业逐渐式微，石匠们的手艺被搁浅，许多家庭失去了稳定收入。例如大麦屿街道岭头村村民周良进，曾是石匠中的佼佼者，因石刻行业逐渐式微，只好改行做塑胶、阀门生意，走投无路之时，稍有文化基础的他走进了洪世清的视线，成为洪世清石雕匠人团队中的一员。原本他手艺的发挥仅限于民房的石头门框和墓碑雕刻，而在跟随洪世清夜以继日的岩雕创作后，他不但手艺提高了，家庭生活收入也增加了不少。可以说，洪世清的岩雕创作，让玉环市大鹿岛周边的石雕匠人们再次有了用武之地，也相应地支持了这些石匠所在家庭的稳定收入。

对于惠安崇武先来说，洪世清带领当地艺人进行的岩雕创作更起到了引导石雕行业发展的作用。惠安石雕是福建省惠安县地方传统美术，也是国家级非物质文化遗产之一，其历史悠久，人才辈出，是当地人民重要的经济来源之一。惠安石雕早期主要服务于宗教，具有浓厚的宗教色彩，主要体现在宫观寺庙的建筑设计、雕刻安装以及对神佛造像的雕刻上。20世纪80年代中后期的惠安石雕随着老一代艺人逐渐退休，新一代年轻人受改革开放大潮的影响，不安心于石雕产业慢工出细活的产业方式，从事石雕产业的人越来越少，整个石雕行业开始出现后继乏人的现象。尤其是雕匠艺人文化程度普遍较低，对传统石雕工艺的静态保护及理论研究在资金上投入不足，工作没有全面展开等方面的问题，惠安石雕的传统技艺日益陷入濒危状态，亟待扶持和救护。而毕业于高等艺术院校并接受了现代艺术教育的洪世清，带来了新的艺术思维和美学思想，开阔了当地石雕艺人的眼界；他使用的具有人文内涵的艺术作品创作方法，迥异于石雕艺人们沿袭传统、一成不变的加工制作方式，也引起了石雕艺人的好奇心与关注度。这种学院与民间的交流与对话方式，极大带动了惠安石雕的艺术水准，使得惠安石雕在国内外的影响日益加大，带来了更多的石雕产业订单。

2. 文旅产业方面的前瞻性与探索性价值

我国幅员辽阔，不同区域的文化各有特点，这对各个地区、各个城市的城市个性与经济提升提出了重要挑战。改革开放后，东南沿海地区加大了以旅游服务为对象的基础设施建设，在港口、宾馆、景区规划、风景绿化、道路扩建铺设和客运车船修造购进等基础建设等项加大投资力度，建成了集旅游、餐饮、住宿、娱乐一条龙配套服务的海上度假旅游项目。尽管每个城

市和地区都有着独特的发展历程，有着不同的地理位置、气候特点和文化形态，但如何能在众多的城市与地区中脱颖而出，公共艺术或将起到重要作用。因为公共艺术不仅代表了该地区的文化发展水平，更会成为代表性的旅游景观标志，能为旅游景观营造环境，促进地区旅游的发展。而洪世清的岩雕艺术是对江浙、闽南地区特色文化的深度挖掘，体现着浓厚的生活情趣和文化意味，为当地公共文化事业带来了勃勃生机，彰显了区域活力与魅力，能在一定程度上实现所在地区特色经济的突破式发展。

事实证明，洪世清的岩雕艺术作品成为大鹿岛、崇武岛、仙叠岩上的著名风景点，成为玉环市、惠安县、温州市旅游的重要打卡地。例如大鹿岛上的洪世清的岩雕艺术与自然景观、奇礁异石并称"岛上三绝"，仅仅"七五""八五"的 10 年（1986—1990）时间里，平均年接待游客 3 万人次，最高年份达 13 万人次，以"东海碧玉"的美名，为玉环市连续多年跻身于"全国县域旅游综合实力百强县"起到了重要作用。仙叠岩的佛教文化主题岩雕作品与这里的浓厚的观音、罗汉文化紧密融合，成为温州市洞头区的重要旅游基地，也成为我国特色文化旅游开发的重要代表。

七、洪世清及其岩雕艺术的思考与启示

通过探讨洪世清的岩雕艺术发生、发展的历程以及对其意义、价值的分析，除了有助于雕塑艺术领域内创作与理论层面的发展，也对当前的城市文化积淀、文化旅游产业发展、文化创意产业推广等具有重要的价值与启示。

1. 创作个体与社会使命的关系思考

老舍曾说："艺术家应以艺术为妻，实际上就是当一辈子光棍儿"，"在下闲暇无事，往往写些小说，虽一回还没自居过文艺家，却也感觉到家庭的累赘。每逢困于油盐酱醋的灾难中，就想到独人一身，自己吃饱便天下太平，岂不妙哉"。用一种戏谑化的笔法勾勒了一种理想化的创作状态，而洪世清则是在现实的人生历程中真正执行并实现了这一"理想"。作为一名始终坚定行走在艺术之路上的苦行僧，洪世清一生未婚，直到去世都是孑身一人，如同西方艺术史上的达·芬奇、米开朗琪罗、梵·高、拉斐尔、蒙德里安等名家一样，为艺术付出了终生。他长期患有严重的糖尿病、高血压，经常依靠吃药、打胰岛素来对抗身体上的病痛，但这些都丝毫没有影响他对艺术的坚持，反而激发了他的创作欲望。他忍着病痛的折磨，几乎每天一睁眼就开始创作，有时甚至到了废寝忘食的地步，不将作品完成，决不罢休。正是凭着对艺术追求近乎疯狂的极致态度，他在多个艺术领域取得了不菲成就，受到学界高度评价，被誉为"东方的梵·高"。艺术对他而言，是一种信仰，是他解释、认识世界的重要方式，如同哲学与宗教一样解决超越经验的问题，探索的是生命最本源的问题，助力找到生命的价值和人生的意义，代表了他对人生观、世界观与价值观的深度思考。

可以说，洪世清融汇了对海洋生物文化的无尽想象，塑造了一个个栩栩如生的原生艺术群像，创设了对西南沿海文化艺术图腾的体验场景，具有一定的宗教感、仪式感和神秘性。他让

大鹿岛与崇武岛两个相隔千里的岛屿，延续并拓展了岩雕变迁的轨迹，将海洋文化的基因融入雕塑语言创新、视觉构筑与形体塑造之中，探索出了一套具有标本意义的地域文化与公共艺术嫁接模式，使得原生文化实现了从在地艺术景观到文化图腾的精神性转换。

2. 艺术行为与自然环境的关系思考

自然环境是所有生物赖以生存的基础，任何生物的生存发展都在与自然环境发生着物质和能量交换。包括人类在内的所有生物的生存和发展，都需要向自然环境索取各种生存和发展所需要的物质和能量。当这种索取过多时，就会产生资源短缺、生态破坏的环境问题。人与自然的关系是随人类生产能力的发展而变化的，当人类生产水平提高后，人与自然的关系由"敬畏自然"变为"征服自然"。农业社会里，人类大规模改造自然以图增加耕地面积，却破坏了森林、草原、河流、海洋，导致了水土流失、土质下降、沙漠化、盐碱化；工业社会里，人类对自然的掌控变得肆无忌惮，环境污染、能源危机和核武器的威胁，让自然界的生态系统彻底失去了平衡。恰恰在此时，人类社会却深陷于不可摆脱的生态危机之中，印证了恩格斯在《自然辩证法》里提到的"不要过分陶醉于我们对自然界的胜利，对于每一次这样的胜利，自然界都报复了我们。"这也说明，人类是大自然的产物，不是自然的主宰；人类可以利用自然、改造自然，更要敬畏自然、保护自然。归根结底，人与自然是一个统一体，应当和谐相处、共荣共生。对此，关爱环保、热爱地球的艺术家们纷纷以手中的笔墨、斧凿，表达对人与自然关系的关注。

与一般艺术家创作作品立于公共环境之中表达环保理念的方式有所不同的是，洪世清利用自然物制造的金属材料对自然界的天然材料进行改造，创造出属于人工自然界的人工自然物，这是人类通过利用或改造自然来创造自然中所不存在的人类文明，代表着人类对客观自然的认识能力和实践水平的提高，传达着鲜明的社会性和历史性。从行为角度上来说，洪世清的岩雕艺术创作是艺术家个人情感的一种表达方式；从事件本质上来说，虽然洪世清的岩雕创作对原有自然物质进行了一定程度上的"破坏"，但并没有改变自然环境，没有损耗生态资源，反而是表现了人类利用智慧、工具对客观存在的自然环境的优化，体现了人类对生存状态的思考，反映了人与自然的和谐关系。

3. 公共艺术与区域发展的关系思考

区域发展是指一定地理范围内以资源开发、产业组织、结构优化为主要中心的一系列经济社会活动。衡量区域发展程度并不单纯依靠经济指标，还要综合考虑社会总体效益和地区性的生态效益。区域形象主要通过建筑、雕塑、景观等公共艺术结合主观参与的形式来呈现。公共艺术作为当代区域文化与区域经济中的重要组成部分，在文化、经济等多个方面上对区域发展有着重要的推动作用。正如英国艺术顾问委员会秘书长利特耐尔所说的"艺术充当着城市复兴的主要催化剂"，地域发展中的文化资本是最符合可持续发展道路的方式之一，公共艺术将地域文化从时间和空间两个维度延伸，不仅让受众感受到地域历史文化氛围，又结合所在实地环境影响着受众的生产生活。在经济与精神追求高度发展的今天，公共艺术的建设不仅为地域提升环境艺术品格，为居民营造浓厚的艺术气息与人文气息，满足人们日益高涨的审美需求，也从空间领域层面上完善着地域架构。

可以说，作为一种独特的公共艺术形式，洪世清的岩雕艺术以其独特的艺术气息凸显着地域特色，又以其丰富的精神象征传达着地域形象特征，对地域或公众产生着形象与环境等多方面的影响。一方面，洪世清秉承工匠精神，带着敬畏、谦卑的态度去拯救和发掘海洋文脉传统，并赋予这些传统以深厚的哲学意蕴与美学价值，有益于当前美丽乡村建设背景下我国在地文化遗存的保护性挖掘转化，加强对文化传承与艺术创造并置的超越性价值的重视与实施；另一方面，鉴于在地文化的生态性、审美性和可持续性开发理念是我们在当代文旅融合视域中绕不开的新思路、新路径，洪世清所代表的沿海岩雕模式在艺术乡建逐渐兴起的当下突显出的公共价值，有益于人们从传统文化内部寻找源头，将"道法自然、天人合一"的文化思维和情怀注入天地自然之中，促进传统文化、民间文化的当代活化与整合，为艺术家以现代性视野参与改变城市、乡村的社会实践提供了前瞻性、探索性的样本。可以说，洪世清30多年前以岩雕艺术推动文创产业、文旅产业发展的壮举与创举，代表了一种极为宝贵的开创性、引领性的先行先试精神，在过去、现在乃至未来都有极为重要的借鉴意义。

放眼全球，许多国家与民族面对日趋激烈的地域发展竞争，采取了各种措施来应对，除了充分利用有限的历史文化遗产与自然环境资源，更是积极运用智慧思维、科学技术形成人工制造物；而当代公共艺术建设成为最直接有效的可持续发展手段之一，既为地域社会和谐打下坚实的基础，也为地域文化多元发展提供了重要的有利条件。在这个意义上，洪世清通过岩雕艺术构建了人与自然、人与人、人与社会和谐一体的美好关系，从而具有了全球经济发展与文化视域下的重要参考意义与应用价值。

参考文献：

[1] 钱绍武. 谈洪世清的崇武石刻群 [J]. 雕塑，2005（1）.

[2] 许江. 洪世清的图像世界 [M]. 杭州：浙江人民美术出版社，2010.

[3] 俞守仁. 东海大鹿岛洪世清岩雕艺术考察座谈会纪要 [J]. 新美术，1992（1）.

[4] 来洁，詹家妮，洪义. 那人、那海、那岛：洪世清与大鹿岛海洋岩雕 [J]. 公共艺术，2011(2).

[5] 陈坤土. 画坛奇才洪世清 [M]. 福州：海峡文艺出版社，2003.

[6] 樟寿，碧柳. 洪世清对岩雕艺术的探索 [J]. 美术，1987（10）.

[7] 余洁. 艺海无边任其遨游：画坛奇才洪世清和他的艺术创作 [J]. 观察与思考，2005（14）.

[8] 崇武岩雕（明信片）. 洪世清造并摄影. 中共惠安县委宣传部编印，2004.

一个人的夜郎谷：
艺术造园助力文化旅游的独特样本

文　山 / 河北美术学院雕塑院教授

引言

　　近些年来，随着国民收入水平的提高，人们对于精神生活的需求更加旺盛。城乡环境的变化，促进了旅游业的繁荣与发展。旅游，这个号称世界第一产业的服务业，在中国的发展的势头空前迅猛。与文化艺术紧密结合的文化旅游，将自然生态资源、人文历史资源、时代精神风貌相融合，赋予旅游业不同既往的新概念、新体验、新模式，已成为一种备受青睐的旅游形式。

　　置身于不同的自然风光，了解不同的历史人文，感受不同的生存状态，追求不同的身心体验，是源于人类本性中的差异化追求。文化的差异诱发人们对不同文化的好奇与向往，人们因差异化而对远方的他乡、他城产生浓厚的兴趣，从而萌发旅游观光的动机。近年来，在消费升级和政策红利引领下，文旅产业逐渐成为市场需求的新宠、经济发展的推力和资本追逐的对象。在其推动下，形成了遗址遗迹旅游地、名人故居旅游地、古城古镇古村文化旅游地、民族民俗文化旅游地、宗教文化旅游地、文化商业街区、文化主题公园、文化创意产业园区等，多种多样文化旅游模式和类型。这些不同类型的文化旅游地，或处于优美独特的自然山水之间，或拥有不可复制的历史人文资源，或借鉴国外经验，营造游乐景区、卡通公园，为各方带来了相应的业绩与红利。

　　然而，在缺少独特自然风光和显性文化资源的地方，如何将文化与旅游相融合，创新文化旅游模式，考验着一方主政者的眼界、经验与智慧。在这种背景下，公共艺术作为优化、提升、改造城市文化空间，提高文旅产业的核心竞争力，带动区域经济与社会发展的有效路径，日益受到各方的关注。艺术家着眼于不同区域的文化差异，并对其加以创造性转化运用，以公共艺术的形式，弥补了自然山水资源不足、历史人文匮乏的短板。赋予一座城市、一个乡村象征性、地标性的符号。这个符号像一张只属于那座城、那个村、那个区域独有的面孔，给人们留下深刻的记忆。土耳其著名诗人纳乔姆·希克梅特说："人的一生有两样东西不会忘记，那就是母亲的面孔和城市的面孔。"这里所说的城市，泛指人们记忆中童年生活的地域。如果说文化是城市表情的话，那么建筑和公共艺术就是它的轮廓。人们提起哥本哈根，就会想起"美人鱼"雕像；提起英国城市纽卡斯尔，也会联想到那件巨大的公共艺术作品"北方天使"。

在国内，公共艺术介入文化旅游助力区域经济社会发展，形成了不同的模式，产生了不少有影响力的案例。这些公共艺术项目，有些是由国家和地方政府主导，以主题纪念性雕塑为主体的大型纪念碑雕塑，如北京中国共产党历史展览馆西侧广场名为《旗帜》的主题雕塑；有些是美化城市公共空间的大型公共艺术项目，如位于河北廊坊的《临空之门》；有些是专业社团机构联袂地方政府，共同打造的公共艺术文化园区，如民勤沙漠雕塑公园；有的是艺术家以个人之力，创作实施的大型公共艺术，如艺术家董书兵在甘肃瓜州做的《大地之子》；有些是企业打造的文化旅游综合体，如广州长隆度假区。这些公共艺术作品和项目的成功实施，对推动文化旅游助力区域发展，起到了很好作用。

近年来，夜郎谷开始受到人们的关注（图 1）。此前，夜郎谷和它的创造者宋培伦，在业界都是谜一样的存在。近几年来，夜郎谷的知名度随着游客的口口相传迅速蹿升，成为中国旅游版图西南方向的一个新亮点，引起了专业人员的关注。许多文化旅游专家和艺术家、评论家考察之后有一个共识：夜郎谷的艺术造园模式是一个不同既往经验的案例。

不同于公共艺术的常见的案例，夜郎谷可以说是一个非典型的公共艺术项目，它的在地性、叙事性、创作模式、创作路径以及对区域经济社会、文化发展的影响都有着独特意义，从这个角度说，夜郎谷又是一个经典的公共艺术案例。

从文化旅游角度看，在没有政府和商业大资金支持的情况下，艺术家凭一己之力，以很小的资金滚动投入，创建了一个规模如此宏大的文化观光景区，填补了中国文化旅游的类型空白，其独特的建设模式和实现路径很值得文旅行业深思借鉴。

从公共艺术角度看，夜郎谷以公共艺术的形式，象征性地赓续古老的文化传统，其意义不

图 1　傩面石柱林，远处为夜郎古堡

可低估。艺术家宋培伦带领村寨山民，在漫长的创作过程中，以艺术的形式为夜郎谷注入了生命和灵魂，这种充满野性和蛮荒力量的艺术表达，最契合公共性的基本理念，从这个意义上说夜郎谷又不是一个人的，它是公共的，是公共艺术介入文化旅游的一个成功的独特样本。

一、夜郎谷源自艺术家的文化自觉

宋培伦先生没有把夜郎谷当作一个艺术工程去做，而是出于一种文化自觉，是对乡土文化之根的寻迹追忆，对乡愁的艺术化表达。这种文化自觉，是支撑着他24年乃至一生的艺术坚守。

1. 宋培伦的艺术理想

宋培伦出生在贵州湄潭乡村，乡野的泥土气息滋润着他的心田，贵州多地有断垣残壁的古堡耸立山顶，这些原为古国首领出没的古堡虽已颓圮，在山巅云间或隐或现，神秘似远古的魂灵未散。从小就见惯的傩戏、地戏等原始舞蹈、先民图腾，萦绕在宋培伦心头，孕育为浓浓的乡土情结（图2）。

宋培伦的艺术实践起步很早，20世纪50年代，还是中学生的他就在报纸杂志上发表漫画作品。他没有上过大学不是科班出身，当过轧钢工人，从事过许多职业，走上艺术道路完全是心性使然，并通过自己的努力和艺术悟性，取得不凡的艺术成就。他的漫画作品《也是足球》，获得中国足球漫画金章奖；技艺发明《木质烫刻工艺》获国家专利；和尹光中先生共同创作的

图2　年逾八旬的宋培伦先生

《面具脸谱》参加第六届布拉格国际舞台美术展，获得了"传统与现代舞台美术结合荣誉奖"；曾被贵州省文联、贵州省总工会授予"从工人到艺术家"称号。20世纪80年代末，宋培伦受田世信、刘万琪之邀，任教于贵州大学艺术学院（原贵州省艺术高等专科学校）雕塑系。30多年前，宋培伦在艺术创作的实践中，注意到贵州许多古村落、老街道，都是与大自然和谐统一中自然而然生发出来的，有着很高的历史价值和审美价值。他很推崇"天人合一"的文化理念，认为人的生命状态应与大自然和谐共生，艺术也应体现生命在大自然中和谐欢愉的本真状态，他在自己的艺术创作中，也有意识地贯穿这种文化理念。还是艺术心性使然，他放弃了大学的工作，觉得自己更适合做与大自然和谐共生、更接地气的乡村艺术。

1993年，宋培伦应邀去美国佛罗里达

做民族民间雕塑创作。创作了"夜郎古堡""夜郎图腾""夜郎脸谱"等众多有关夜郎文化的艺术作品。当他看到雕塑家克扎克为纪念印第安人英雄"疯马"所做的疯马山时，心灵受到强烈冲击与震撼。克扎克38岁的时候开始做这个大型雕塑，1982年去世后，他的遗孀带着子女，前后三代人继承遗志继续雕塑，七八十年过去了，这件作品仍未完成。这个美国版的愚公移山的故事，深深激励了宋培伦（图3）。从美国佛罗里达回到家乡的故土，在坎坷的山路上一路

图3　宋培伦在美国工作时的照片，1993年

走来。他从一个大山之子，成长为传承本土艺术的践行者，以他的作品完成了文化的自觉。

在经历了碧云窝画家村、灵山艺术村等几次创建艺术园区的努力之后，宋培伦踏遍周边郊野的山谷沟壑，在贵州高原近山临水蓝天白云的具有喀斯特地貌、古夜郎屯堡遗址之地，选中了这块荒蛮之地重启梦想。

夜郎谷位于贵阳花溪斗篷山下峡谷之中，仅就山水风光而言，这样的自然景色在名山大川众多的川滇黔地区并不起眼。喀斯特地貌形成的峡谷，是一块乱石嶙峋、杂木荒生的山林之地。据相关史书记载，与溪水峡谷相对的斗篷山曾是古夜郎国道府夜郎邑的辖地，为夜郎王后裔金竹司住所，山顶至今还保留着古夜郎城墙、屯堡的残垣断壁。艺术家的眼光是独特而敏锐的，宋培伦认为这个被杂树荒草遮蔽的荒僻峡谷，蕴藏着古夜郎文化的密码，有着巨大的潜在历史文化价值，在这里能够实现他孕育多年的艺术构想，即，构筑一座像"疯马雕塑"一样壮观的大地艺术作品。宋培伦给它起了一个悠远神秘的名字——"夜郎谷"。

2. 夜郎谷的风貌俯瞰

1997年冬天的大雪中，宋培伦翘起第一块山上的岩石，垒砌到心中蓝图所谋划好的位置，夜郎谷的艺术造园开始了（图4）。

在原始山林中，宋培伦把从小植根于心中对夜郎文化的好奇，倾注于喀斯特生态系统，使二者有机地整合起来。历经24年的不断创作建设，夜郎谷渐渐揭开神秘的面纱。一个占地面积200余亩，在喀斯特地貌上依山而建的特色景区呈现在公众面前。这是一个浓缩版的夜郎古国，石块垒砌的夜郎古堡，顺山而建与山浑然一体；二百余处石柱傩面图腾柱夸张而诡异，错落在峡谷溪水之间；河岸原生态石壁舞台、石板屋剧场、多功能展厅和十余座石板屋工作室，兼具演出展览和经营性功能。石墙、石桥、游步道贯穿园区，游人徜徉其间，追溯远古的文化印痕与踪迹，感受着神秘的古夜郎国的历史文化。

走近景区，松涛林海阻隔了来自都市的喧嚣，峡谷深邃营造了柳暗花明的胜境。白云空远，危崖耸立，曲径通幽，石桥横卧。溪水跌宕在峡谷之间，爱鸟屋布满了林间秀木。错落有致的

图 4　夜郎谷初建时期的雪天

图 5　拱门廊柱

图6　夜郎古堡、城墙远眺

院落，铺满松针的山间小路，原始古朴的石桥、石柱、石屋、石拱门（图5）、石古堡、石长城等，还原了夜郎古国各族先民以石为居、取石创艺、依山筑屋、依林为生、傍水为乐和谐自然的生活方式（图6）。原本并无鲜明特点的郊野峡谷，经宋培伦神妙之笔的点化，赋予其粗狂质朴、和谐纯净艺术能量，成为集中展示古夜郎文化、少数民族原生态文化、本土傩文化，融文化体验、艺术审美为一体的新的文化观光地。夜郎谷传递着当代人对古夜郎的全部想象，人们对远古时代夜郎先民过往的生活状态，充满好奇的追忆、追思和追问，在青山绿水和古堡斜阳的余晖间，体验到不同的人生感悟。

二、夜郎谷公共艺术的特点

夜郎谷不只是一个环境景观项目，与一般意义上的公共艺术相比，夜郎谷艺术有着鲜明的特点。夜郎谷雕塑建筑形态背后所映射的哲学意识、文化心态、美学精神、审美意韵、建筑观念、设计理念、设计手法、构成机制，以及夜郎谷公共艺术所包含的哲学、美学、文化学、民俗学、形态学、类型学、符号学、文化比较学等诸多问题，都值得我们深入地去探讨（图7）。

1. 夜郎谷是"贵州美术现象"的续篇

在法国著名艺术理论家、历史文化学派奠基者丹纳看来，"物质文明和精神文明面貌，都取决于民族、环境、时代三大因素"。民族的特征是由自然环境造就的，而民族的特征又体现在民族的精神文化上，成为民族精神文化原始动力的一个部分。当我们把夜郎谷公共艺术置于这三大因素下加以解构，也一定会与伊波利特·丹纳产生跨越时空的共鸣。夜郎谷所处的地区，是远离中原地区的大西南，自古以来苗、布依、水、侗、仡佬等民族的先民生活于云贵高原的这块奇特的土地，地理环境和自然气候影响着民族的性格和特性的形成与发展，也影响着文化艺术的孕育与传承。原始文化的印记隐藏在各民族变化着的语言、宗教、文学和哲学之中，隐藏在民族发展的历史进程中，即使在漫长的历史过程之后，地域、气候、环境发生了巨大的变化，我们仍然可以透过时代所给予这个民族的第二性的印痕下面，去发现民族自身的"血统和

图 7　镶嵌于石柱上的傩面

图 8　宋培伦与老友画家蒲国昌、画家董克俊、国家博物馆馆长陈履生在碧云窝画家村，1992 年 3 月

智力的共同点"。这些共同点决定了艺术的某些特点，也构成了艺术发展的原始动力。

　　20 世纪 80 年代，随着时代与环境的变迁，在贵州这片大西南文化边缘地带，出现了独特的"贵州美术现象"。艺术家董克俊、蒲国昌、田世信、刘万琪等人，以高质量的作品、高频率的展览，向以中国美术馆为重点目标的中国艺术话语中心轮番发声，让贵州独特的文化资源、独特的艺术和艺术家们走进了全国视野（图 8）。他们的作品以实验性、形式感、视觉张力与精神内涵，在当时的中国美术界引来一片惊叹，刮起了一股强劲的新美术旋风，给中国美术界留下强烈印象。在中国美术历经思想解放、"伤痕美术""形式美"问题论争，又迎来西风东渐"85 美术思潮"的大时代背景下，贵州远离文化地缘中心，但边缘文化有时恰恰是特质文化。贵州美术现象的出现，引起艺术界的高度关注。贵州艺术家"对创作母题的选择和文化根脉的认识奠定了'贵州美术现象'的方向，对生命状态的关注使他们超越了以往对民族题材的风情性表达"。艺术创作一时达到了空前的高度。

图 9　宋培伦早期作品，漫画雕塑《爱因斯坦》，20 世纪 80 年代

　　宋培伦是贵州美术现象的重要参与者之一，与贵州美术现象的诸多艺术家志同道合。他更多地致力于艺术创作环境的营造，先后打造了"花溪碧云窝画家村"和"花溪灵山艺术村"，成为贵州当代艺术家聚集创作的重要艺术园区。在为贵州艺术家群体提供服务支持的同时，宋培伦也在为成就自己的艺术梦想，一步一步地坚实地走下去。他对厚道、善良、质朴且带有原始的野性的少数民族村寨山民有着深厚的感情，对傩戏、地戏等原始舞蹈、先民图腾由衷地喜爱。认为贵州本土文化自成体系，保存了原始、混沌、古朴、自然的气质，是贵州艺术家的正宗血统。宋培伦的这些理念，与贵州美术现象艺术家对创作母题的选择和文化根脉的认知不谋而合。

　　宋培伦的作品在贵州艺术家群体中，有其独特的个性。他以炽热的情感，始终如一地坚守贵州美术现象时期形成的艺术理想，坚守艺术家对贵州本土文化的自信和骄傲。时隔多年之后，以其宏大的公共艺术作品，向世人展示了充满原始野性生命力的艺术世界，呼唤人类心灵深处精神力量。（图9）宋培伦对贵州艺术发展的贡献在于，推动贵州美术现象从架上艺术走向架下，把这种带有原始风的表现主义，延伸到更广阔的公共艺术领域，创作出体量巨大的建筑与雕塑形态的作品，给人以更加强烈的视觉冲击与心灵震撼。在与当下各种浮华、表面、花里胡哨的文化现象相对应时，其所呈现的原始风和激情能释放出更强大的能量。

2. 夜郎谷是时间与生命意识的表达

夜郎谷不同于那些强调景观宏大、主题突出的"主题公园"，它不是简单的游乐场所，也不仅是由众多古堡雕塑构筑起的建筑物，它是在时间生命中不断生长的艺术作品，宋培伦将他生命的大部分融入了这个宏大艺术作品。艺术家邓乐在谈到夜郎谷公共艺术时，说："宋培伦用一生的时间来做夜郎谷……在当代艺术中，时间是一个很重要的概念，悟到了时间，时间就会强势出现在当代艺术的作品中，闪烁着不可替代的光芒。艺术家做作品都是由时间累积而成……我在夜郎谷看到了时间。"在这里，时间不是抽象的读秒计时，而是具体的时空变迁。对于一个单枪匹马的艺术家而言，夜郎谷的规模之大、创作时间之长，个中的艰辛与坚守，常人难以企及。初创时期的一个冬季，大雪封山，在没水没电的情况下，宋培伦独自一人在山谷里住了两个月。每天在雪地里勘察地形，砍柴生火做饭，点蜡烛，喝雪水，吃野生菌。他觉得自己像是《瓦尔登湖》的梭罗，远离现代文明，过着原始的生活。别人觉得寡淡、无聊，他却满心欢喜，内心充满愉悦地在荒凉之境里，过着自食其力的日子，享受着一个真正的艺术家在创作过程中的愉悦。

夜郎谷这件用生命铸就的作品表达着宋培伦的生命意识；表达着"天人合一"与大自然融为一体的文化主张。宋培伦认为，任何事物都是有生命力的，公共艺术也一样，都有一个发育成长的过程，与自然融合，与历史共存。从他垒砌第一块岩石起，夜郎谷的创作就没有停止，垒砌的每一块石头都给夜郎谷注入了生命，它是一件一直成长着的艺术品。在这漫长的过程中，宋培伦把家安在夜郎谷，彻底打破了艺术和生活的界限，他将生活经历和生命感受都融合进了这个石头建筑雕塑群，观看这个生命在花开叶落中不断地成长。有评论家说"夜郎谷就是在时空变化中，不断生长的有生命的当代艺术作品"，宋培伦以20多年的时间在追寻着坚守着这个宏大的艺术梦想。至今，夜郎谷的创作仍未完结，它将伴随着宋培伦的整个艺术人生。

3. 夜郎谷是村寨山民参与的公共艺术

"在学界还在争执于公共艺术概念的时候，宋培伦老师已身体力行地创作着公共艺术。他是先知先觉者，他知道如何把人的情怀与时代契合，在时代发展到呼唤公共艺术时，他成为一个先锋"。

夜郎谷既不是政府主导的艺术工程，也不是商业项目，然而，这个宏大的艺术工程从启动实施的那一刻起，就不再是艺术家的个人创作。当宋培伦带领本土村寨山民从山涧沟壑中撬起石块为第一座古堡奠基的那一刻起，它便具备了公共性、民众参与性和互动性的特质，是一次真正意义上的公共艺术实践。宋培伦把自己对贵州夜郎文化的认知、感悟，用通俗的语言灌输给村寨山民，村寨山民们凭借最质朴最简单的理解，把夜郎文化中的自然信仰、生命崇拜，用最具个性化的艺术想象呈现出来。

参与夜郎谷艺术造园的村寨山民从小生活在乡村山寨，成长于大自然之中，大多数不怎么识字。但没有文化绝不意味着缺乏艺术智慧，更不是美盲。他们虽然不是专业技工，但日常的刺绣、手工艺做得都很精美，在艺术构思艺术创作上，他们有自己流传、继承的传统经验、知识，这些是非常可贵的。当遇到适宜的时代环境时，隐藏在各民族变迁背后的语言、宗教、文学、艺术的原始文化印记便显现出来，化作艺术创作的原始动力。宋培伦与村寨山民磨合出一种默契的创作状态。在对整体风格把控的前提下，他有意识地激活村民的艺术潜能，给予他们相对开放的想象空间任其自由发挥（图10）。在宋培伦的指导下，原本识字不多村寨山民们成为化腐朽为神奇的能工巧匠。他们不是被动地接受指令，机械地完成砌石垒墙的任务；而是对于石块要怎么摆、怎么砌，都有自己的想法。废弃的烟囱、残缺的陶缸、建筑材料、甚至枯株朽木，在他们的手中也都物尽其用，变成了艺术的一部分。

村寨山民的介入给创作过程带来较多随机性，宋培伦深谙艺术"做一半"的原理，不追求古堡建筑完整有序，不介意傩面雕塑的对称，也任由藤蔓在石头上肆意生长。夜郎古堡、夜郎图腾、夜郎傩面在山谷中裸露着自己的身躯和灵魂，充满着原始的野性力量，成为有深刻意味的文化符号，展现着最撼人心魄的艺术魅力。艺术家与村寨山民共同用艺术的语言表达自我，他们一起为作品注入生命和灵魂。这一过程中，艺术彰显出凝聚力和感召力，使村民们增强了文化自信，也激发了艺术家的创造力。

4. 夜郎谷是艺术与自然生态互融共生的范例

"生态觉悟"已成为本世纪人类文明最深刻的觉悟之一。在中国，宋培伦是先觉者之一，当国内有了生态美学的概念，并伴生出关注生态环境的公共艺术，当一些设计师还在做着在公共场域内多种一些绿色植物的表面功夫时，宋培伦已经在夜郎谷的艺术创造中，从"以人为本"到"天人合一"，将人与自然的平衡互动作为基准点，踏踏实实地践行生态美学。

宋培伦十分关注自然环境的完整性和自然生态的原生状态，在景区规划建设过程中，始终坚持保护原有景观完整，不破坏山体，不破

图10 夜郎谷初创时期，宋培伦指导村寨山民的工作照，1997年

图 11　建筑与绿色植物融为一体和谐自然

坏原始风貌，景区以生态步道、生态栈道、石板拱桥等作为交通设施及游线设计，始终遵照资源实体完整无缺，保持原有形态与结构的原则。夜郎谷营造之初，既没有政府资金的投入，也没有商业资本看好，资金匮乏的窘境，使宋培伦将目光更多地投向俯拾皆是的石材、陶罐、木材、废弃建材这些低廉物料。他以"以人为本""天人合一"理念，赋予这件公共艺术作品以巨大的生命能量。在艺术大师眼中，来自大自然的材料，并无高低贵贱之分；在艺术家手中，孤立的材料一经点化，便各得其所地聚合重组，形成古堡、长城、拱门、廊柱、石屋、拱桥，与山、水、林、洞等自然风光融为一体，凝聚为一个具有生命力的艺术生态系统。在这个系统中，遍布于峡谷的绿色植物与古堡碉楼缠绕伴生，与夜郎谷的肌理共同生长。经过岁月和大自然的洗礼，这个艺术生态系统平添了许多自然原生状态和历史沧桑感，愈显和谐自然，粗犷质朴。不少研究者认为，宋培伦的夜郎谷与西班牙著名建筑师高迪的古埃尔公园有着异曲同工之妙，它们都将大自然与建筑有机地结合为一个完美的整体，充满了幻想，如同诗一样引人入胜（图 11）。

三、夜郎谷艺术造园模式在区域发展中的作用

宋培伦的主观初心是把夜郎谷作为艺术创作来实践，然而，当这件原本出自个人艺术追求的作品，以公共艺术形式的庞大体量出现在公众面前时，便超越了一般艺术作品所具有的社会影响力，与其所在区域的经济社会发生着互动与影响，客观上起着助力文化旅游、推动乡村振兴促进区域经济社会发展的作用。夜郎谷对于推动区域发展的作用，主要体现在以下方面：

1. 艺术家群落孵化器、优化文旅生态

夜郎谷不仅是物化的古堡构筑体，还是文化精神的载体，承载着宋培伦执着坚守的艺术理念、艺术梦想。夜郎谷也是具有广泛包容性的艺术孵化器，在它的空间里包容了小规模的艺术项目和艺术业态，共同构成一个和谐共生的艺术生态系统。

宋培伦将家安在夜郎谷，这里不只是他的生活空间和艺术创作空间，也是大众的、公共的艺术、生活、创作、发展空间。静谧和谐的自然环境，吸引了众多艺术家慕名而来，好客爱才的宋培伦免费提供房屋，帮助他们在这里建立艺术家工作室、非物质文化遗产传人创作室。在这个艺术孵化器中，艺术家从事创作、展览和表演活动，实现各自的艺术梦想；手工艺从业者、非物质文化遗产传人在这里以艺谋生；年轻的大学毕业生来夜郎谷创业，做艺术设计和文创产品定制，在创业谋生的同时实现艺术梦想，"艺术生活化、生活艺术化"的理念在这里成为现实。各路艺术从业者在这里展示才华交流技艺，广大民众在这里感受原始文化、夜郎古国文化、少数民族原生态文化、本土傩文化和其他各种文化艺术的魅力。艺术家和民众在这里因艺术而互动，形成一种共同"成长"的良性机制。

随着夜郎谷的名气与日俱增，著名艺术家杨丽萍、谭盾等人慕名而来，著名女歌手龚琳娜在这里开婚礼演唱会、"龚琳娜大白嗓合唱团见面会"。一些艺术机构将目光转向夜郎谷，在这里相继组织举办了"中美景观建造营"、"贵州首张乡土民谣专辑"发布会、"磊石音乐现场"音乐会、"湄潭七人画展"、中央电视台《梦想合唱团》贵州开营式等许多别开生面的文化交流活动。独特的园区景观和文化氛围，吸引了众多影视剧导演，在此地拍摄了《扬起你的笑脸》《夜郎王》《雄关一梦》等影视剧。央视各频道和地方电视台、栏目也多次来景区取景拍摄。这些活动的本身，也是艺术构成元素，成为夜郎谷公共空间的组成部分（图12、图13）。广大民众在这里与艺术发生互动，年轻人在这里网红打卡，更多地参与到多元化的公共艺术生活之中。

图12 美国钢琴家夜郎谷演奏会

图13 苗族山歌表演

2. 助力经济发展、改善地方民生

当初，宋培伦以个人所有积蓄，甚至借贷款投入打造夜郎谷。随着这个巨大的公共艺术项目的部分完成，自 1997 年开始建设以来，除 2012—2015 年因周边城市建设园区未开放外，夜郎谷一直通过收取门票维持运营，并采用滚动投入的办法持续建设园区。夜郎谷门票定价仅为 20 元，即便这样，每年也有数百近千万的收入。2017—2019 年，年均接待游客近 20 万人次，年均接待国外游客近千人。除 2020 年受疫情影响较大外，年游客量、景区门票收入总体保持增长态势。2021 年，年游客总量近 40 万人次，门票收入 500 余万。这一方面改变了夜郎谷捉襟见肘的财务状况，另一方面，也为后续的建造与发展完善提供了必要的财力支持。2016—2021 年园区年均投入 150 万，用于景区景观建设、文化作品创作、游步道改善、旅游基础设施改善等。2019 年以来，夜郎谷实现了无负债，收支平衡，园区保持良性发展态势。

夜郎谷的发展也惠及花溪区域的其他村寨，这些村寨土地贫瘠、资源稀缺，无任何工商副业，村寨山民除了在喀斯特地貌形成的小片土地上种植杂粮作物，几乎无任何其他收益，生活普遍比较困难。夜郎谷的出现对于在地村寨而言，是一个良好的发展机遇。夜郎谷创建时期，就有不少村寨山民主动参加做劳务工作，目前夜郎谷提供工作岗位 40 余个，协助解决当地村民就业问题。此外，还有部分村寨山民农闲时来做一些临时性工作，获得劳务收益，生活状况得以改善。2020 年起，园区将门票收入的 10% 无偿捐赠给当地洛平村，用于贫困帮扶、残疾人帮扶、老年人帮扶及村居集体经济发展。夜郎谷开业运营后，日益增多的游客带来了新的商机，20 余家小民宿、小餐饮在景区周边发展起来，200 余人得以就业，实现带动当地村民发展的初衷。[8]

夜郎谷也成为当地农副产品、特色小吃推介销售的窗口。这些小的经济业态自然地成为夜郎谷的服务配套，与夜郎谷共生共荣。夜郎谷为当地经济发展和百姓收入的增加，以及乡村振兴，做着实实在在的贡献。同时，地方财政也从夜郎谷及其辐射带动的周边经济活动中，得到了相应的税收。

3. 促进地方重塑、推动乡村振兴

随着夜郎谷的知名度提高，南北的游客日益增多，成为贵州省新的旅游目的地和网红打卡地。公共艺术对文化旅游发展的助力作用日益突显。南北多地的政府和文旅企业慕名而来，希望将夜郎谷艺术造园与文化旅游紧密结合的模式，在其他地方创新复制，打造文化旅游新业态。安顺经开区距夜郎谷仅两小时车程，得地利之便，率先邀请宋培伦去安顺共谋发展大计。

贵州安顺经开区的幺铺阿歪寨，是个纯布依族村寨，这里山清水秀，民风淳朴，村民世代依峡谷筑石板屋而居，保留着古朴的原生状态。但是喀斯特熔岩地貌导致土地资源稀缺，产业基础差，村民生活困苦，是国家一类贫困村（图 14）。村庄环境脏乱，住房颓圮荒败，许多人外出打工谋生，村庄空心化的现象严重。如何帮助阿歪寨这类乡村摆脱贫困实现乡村振兴，是摆在安顺经开区面前的紧迫任务。受夜郎谷文化造园成功模式的启发，安顺经开区决定以传承发展"藤甲文化"为抓手，借鉴夜郎谷模式，重现古夜郎国文化、三国时期西南古国文化，

图 14　安顺阿歪寨全景

图 15　阿歪寨村民身披藤甲胄演示作战图

图 16　藤甲胄

以文化旅游拉动区域发展（图 15）。地方政府的发展思路与宋培伦秉持的"以人为本"造福民众的艺术观念不谋而合。2019 年，安顺经开区诚邀宋培伦为文化艺术顾问，指导阿歪寨传统村落保护和发展规划工作，他受邀之后便欣然前往。

　　阿歪寨与夜郎谷都为古夜郎国属地，具有文化渊源的同质性。相传阿歪寨是三国时期诸葛亮七擒孟获战争的发生地。藤甲胄编织技艺在此地有幸得以传承，至今尚有 7 名藤甲胄编织传承人。中国军事博物馆至今收藏有藤甲胄，阿歪寨也借此获批国家第四批传统村落。相比之下，阿歪寨独特的文化资源更具有历史可信性和叙事性，在这里做公共艺术项目，能够带来更丰富的沉浸性体验（图 16）。宋培伦避开良田好土，选定一片山崖下的荒滩作为公共艺术项目的用地，充分利用特有的喀斯特岩溶地貌，构筑象征夜郎古国的石头古堡、傩文化石柱，以公共艺术的形式文化造园。

　　藤甲谷一期由 20 座古堡碉楼和依山体起伏构筑的城墙组成，150 余座 3 米多高、神采各

图 17　藤甲谷山门

异的藤甲兵雕塑，或立于城上或布阵于战场，颇
为壮观。形象地展示了古代藤甲兵骁勇善战的精
神风貌（图 17）。在藤甲谷建设过程中，宋培伦
延续了夜郎谷的营造经验，就地取材，废物利用，
采用当地石材、废弃的砖瓦瓷片和工业建筑废料。
工人则是本村的工匠和村寨山民，极大地降低了建
设成本，也给村寨山民创造了本地就业的机会（图
18）。

图 18　藤甲胄编织

　　"藤甲谷"一期工程完成，引来四面八方的
游客慕名而至，给阿歪寨传统村落的重建和发展装
上助推器，带来了可喜的变化。社会团体、企业、
文化名人争相认领废弃多年的山寨老屋，修旧如旧

打造精品民宿，古村落重获生机。在规模化的流转土地上，标准化种植花卉、蔬菜、精品水果，
建起了农产品深加工生产车间，建立农业观光产业园（图 20）；合作社成立了藤甲胄编织协会，
激活非物质文化遗产，传承藤甲胄编织技艺，创作研发藤甲旅游产品；艺术家们参与文化创意，
设计了独具阿歪寨藤甲文化特色的 Logo 和吉祥物；文化学者专家们帮助挖掘文化资源，梳理
文化脉络，撰写了阿歪寨布依族传统民俗，建成了村史馆，编排了布依歌舞、藤甲舞，让更多
的游客了解阿歪寨、爱上阿歪寨，凝聚了共识、增强了发展的信心。

　　目前，阿歪寨已成为一个集民宿、研学、养生、文创等为一体的特色旅游村寨（图
19）。外出打工的村寨山民回到家乡，有的自主创业，开起农家乐、酒坊、民宿和手工作坊；

图 19　修旧如旧的村寨小院

图 20　农业观光产业园里标准化种植花卉

有的当上保安、服务员、管理员和产业工人。村寨山民人均收入由 2018 年的 4000 元，增长为 2020 年近 19800 元，村集体资金增至 100 万元。过去的空心村、空壳村、贫困村变成了旅游村、富裕村。阿歪寨藤甲谷是继夜郎谷之后，公共艺术促进区域发展的又一个具有示范性的案例。

注释：

[1]　丹纳 . 艺术哲学［M］. 南京：江苏文艺出版社，2012.

[2]　谌宏微 . "贵州美术现象" 与董克俊的艺术 [N]，中国艺术报，2019-03-25.

[3][4] 邓乐 . 可借鉴的夜郎谷经验［N］. 艺周快讯，2021-11-13.

[5]　乔迁 . 公共艺术和区域发展综述［N］. 艺周快讯，2021-11-13.

[6]　数据资料由夜郎谷喀斯特生态园提供.

[7]　郑兴华 . 浅谈 "藤甲谷" 对区域发展的影响［N］. 艺周快讯，2021-11.

终极的追问：
新疆"大地艺术"创作谈

王　刚／中原工学院教授

一、笔者对大地艺术的划分与理解

广义的大地艺术细分为三：

1. 大地自然艺术。山川河谷等奇绝的、人类难以攀附的大自然的杰作。

2. 大地上的艺术。以大地为载体，作品为主体的艺术创作。

3. 大地艺术。以大地为材质，天、地、人浑然一体的艺术作品，一半人为一半天成，大地即是作品，作品即是大地。

大地艺术是艺术与自然环境、人文精神的有机结合，是天、地、宇宙"元语言"的表达。

大地艺术的创作者依据荒野自然地貌形态，投注回归自然、敬畏自然的情感理念，融合当代艺术的多种形式，找回人类迷失的记忆，把艺术与时间空间、人文自然、地域文化融为一体，营建出艺术与自然同生共长的新关系。因此，大地艺术涉及人文、精神、生态、文化等许多方面。

创作大地艺术，艺术家只完成其一半，另一半交给大自然。春绿、夏青、秋黄、冬白，雨雪阴晴四季轮回，让艺术和当地的村庄、村民，和这里的一切，自然地互动生长。

二、新疆大地艺术创作缘起

女娲和上帝都用泥土造人。人类来自泥土大地，却远离泥土、伤害大地。大地用资源和灾害恩威并济呼唤人类，作为回应，我在作品中呐喊：

2000 年，创作了第一个呐喊着的《老万》（老万即千千万万）泥塑头像。

2006 年，在河南郑州二七塔下创作《老万：泥土记忆》行为艺术。

2007 年，在河南郑州黄帝故里、中原工学院龙湖校区创作了由五千多名师生参与的《老万：大地浮雕》行为艺术，3000 名学生环绕 96 座按地球经纬格式排列的浮雕头像，振臂高呼："我

图1 呐喊的《老万》泥塑（拍摄：王刚）

图3 《老万：大地浮雕》局部，每个浮雕头像8米×12米，即96平方米，几个月后头像上长满了青草（拍摄：王刚）

图2 《老万：大地浮雕》大型行为艺术活动现场之一，师生振臂呐喊："我是炎黄子孙，我是大地的儿女！" 2007年3月27日（拍摄：王建立）

是炎黄子孙，我是大地的儿女！" 呐喊唤醒对土地的眷恋和对文明进程的反思。

2008年，在郑州中州大学，创作了由六千多师生参与的《老万：大地丰碑》，六百多名聋哑学生在白布上手绘十五幅"呐喊"头像，每幅50平方米，"呐喊"头像被众手掀动，像有声音从大地发出。

2010年，在郑州黄河边创作《老万：黄河婚礼》、在河南浚县古庙会上创作《老万：大地上的人》。

至此，做更大体量作品，发出更大声音的创作意念逐渐萌生（图1～图3）。

但是，哪儿还有更大的场地，让我再做更有表现力度的大地艺术作品呢？

那之后的几年里，我曾到郑州航空港区、洛阳龙门等地考察，并做出多个大地艺术方案，但都因各种原因未能实现。有朋友说：去新疆大戈壁做吧。没想到，戏言成真！

　　2015 年 8 月，中央美院范迪安先生推荐我为丝绸之路新疆菜籽沟乡村文学艺术奖美术提名奖，应邀前往新疆菜籽沟木垒书院参加颁奖仪式。木垒那些厚重、原始的山坡立刻激起了我做大地艺术的冲动，这个想法很快得到木垒书院刘亮程院长的鼎力支持。机缘巧合，又幸遇了在新疆沙湾做文化公司的方如果先生。于是，木垒和沙湾两地的大地艺术创作相继开启。

　　地理起伏的脉络称为龙脉，全球共 12 条龙脉，均发源于"龙脉之祖"昆仑山，从昆仑山向西走出了巴比伦文化、埃及文化、希腊文化，往南走出了古印度文化，往东走出了中国文化、印第安文化、玛雅文化。

　　与昆仑山相接的天山是 12 龙脉之一，天山山脉横跨新疆，而新疆又是古丝绸之路北道，是古代人类四大文明唯一交汇地。新疆大地艺术落地的木垒县、沙湾县，均位于天山北麓。

　　萌生于中原的创作意念在西域落地，黄帝故里与龙脉天山，古丝绸之路与欧亚大陆桥，时空在这里交汇。

三、新疆大地艺术的创作实施

　　2015 年 9 月至 2017 年 10 月，在新疆木垒县和沙湾县完成了两组共七件大地艺术作品。

　　在木垒县菜籽沟近 200 亩撂荒的山坡上，做了三个无表情、无身份、无种族特征的人类始祖图腾头像，分别采用立体浮雕和平面阴刻两种形式。表达阴阳和合，生生不息，取名《大地生长》（图 4）。

　　在沙湾县近 800 亩亘古洪荒目力所及不见一棵小树的荒野上，以"丝路面孔——文明相会"为主题做了古印度、古埃及、古巴比伦、古中国四个古国符号头像，揭示新疆核心的文化遗产，表达对人类共同命运的理解。具体形象是：①大汉使者，国字形脸，天圆地方、平和自然；②古印度僧侣，圆眼睛、圆鼻子，有欧亚混血人种特点；③古巴比伦人概括出阿拉伯商人特征；④埃及艳后的侧面形象。

　　以往乐山大佛、总统山等大地艺术作品，都是面对世人，平视世界。而新疆大地艺术，则是面对天空，凝视苍穹。因此，沙湾的一组面孔命名为《大地凝视》（图 5、图 6）。

　　大地艺术的创作有无限的可能性。

图 4　新疆木垒县菜籽沟　《大地生长》全景
（拍摄：王伟）

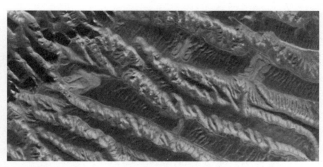

图 5　新疆沙湾县《大地凝视》全景（谷歌卫星）

图6　新疆沙湾县《大地凝视》原始地貌（拍摄：方如果）

1."新天际线"

为更好表达作品精神内涵，立意和选址是重中之重。选址的地貌要满足七个先决条件：

第一，地貌与作品的立意和形象最大程度地吻合；

第二，坐南朝北是采光最理想的方位；

第三，形象中心要高于周边地带；

第四，"新天际线"起伏不宜过大；

第五，头像周边500米范围可延伸空间要足够大；

第六，坡度不宜超过40°，不小于20°（小于20°，透视变化太大，不宜观看，大于40°，车上不去，无法施工）；

第七，指挥台（未来的观景台）左右可移动不小于100米。

这里提出"新天际线"概念。

在绘画中，天际线叫地平线，而在新疆大地艺术里，"新天际线"特指大地艺术落址山体的山脊线，它是大地艺术形象的重要结构线。大地艺术需要和周边地貌产生一种气息、氛围，需要和空间环境组成复合相融的整体表达。"新天际线"上通宇宙，下接地气，能瞬间链接时空，产生"空"的意义。

作品位置反复选择的不确定性，隐含无限挑战，可激活更多发现和探索的空间。

在空旷的慢坡山地上给头像选址定位时，视野可达数十里甚至更远。周边几百米甚至更辽阔的区域都与头像发生关系，须关照"新天际线"选取最理想的位置，最大限度地把天地万物容纳到大地艺术作品里。

例如沙湾县《大地凝视》之埃及艳后（图7），是正侧面像，脸朝东，前后选过6个位置。经过反复比较，决定在第六个场域施工。当志愿者到达现场准备定位时，我目视300米外未来头像"新天际线"的前方，平行向东走出200多米。眼前一亮：前方最远处50公里外，白雪皑皑的天山剪影纯净、高贵；次远处30公里外，褐色的群山连绵起伏。非常巧合的是：雪山和褐色群山有一个重叠的豁口，正对着未来"艳后"的前额，宛若艳后头戴"皇冠"。有了这个"皇冠"，作品内涵顿然向"空"的境界延伸，天"人"大地浑然一体，山峦显露她的神性——抽象的丝路文化即将化为恢弘而又高雅的大地艺术形象——大地将为众生代言。虽然经

图 7 　《大地凝视》之古埃及艳后像，新天际线与远景契合

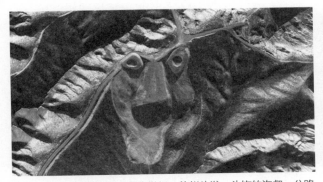

图 8 　《大地凝视》之古印度僧侣／貌似头发、头饰的沟壑、公路（拍摄：老虎团队）

图 9 　《大地凝视》之古印度僧侣，新疆沙湾县 290 米 × 420 米，2017 年（拍摄：老虎团队）

过 6 次设计，但我毫不犹豫，立即决定修改方案。

　　把整个山势及周边环境与艺术形象融为一体综合考量，是创作大地艺术的关键所在。

　　如古印度僧侣（图 8），头像右边 150 米处有几条起伏的斜岗，有头发飘扬起来的动感。左边有一条路，距离眼睛 10 多米，距脸颊 100 多米，隐约像是头上配饰（图 9）。

2. 逆透视

　　做大地艺术离不开当地政府、企业、民众的支持和参与，凝聚了社会各界力量。作品庞大，动辄一座山包，又没有现成经验可以借鉴。虽然事先参照 1：300 3D 模型做了各种预案推演，但到现场实地定位时，主观和客观的反差仍令人始料不及。同时，在二三十度坡地上做出超大

图 10 志愿者上山参与"站桩"定位，新疆沙湾县 　　图 11 从指挥台（观景台）指挥对面山上的志愿者放线（插红旗）定位（拍摄：王伟）

的面孔，从 1 公里外山冈（观景台）看去，产生很大透视变形。沙湾的头像长度 300 ～ 400 多米，从观景台看，眼睛和鼻子之间长度会被压缩 2/3，甚至更多。另外，山地起伏变化，也影响作品的视觉效果。因此，给作品定位起轮廓时，必须考虑"逆透视"——透视成像是近大远小而逆透视是近小远大，并且借助众多志愿者，"以人代桩"，移动标记，即时调整。

具体形象定位环节动用当地上百名志愿者（图 10），他们分组拿着拴有尖木桩的红旗进入场地，我和助手张业海使用望远镜、对讲机，向 1 公里外与志愿者们同在一个山包上的六个助手发出指令（图 11），再由他们转告志愿者：第几组怎么走，第几组再怎么走，往上、往下、前进，后退，前后左右移动……这样的移动定位进行了多次。

第一次，定出头像的大致范围；

第二次，定出五官的最外点长度、宽度；

第三次，定位具体的眼睛、鼻子、嘴巴；

第四次，调整整体形象。

位置站好后还不能马上下桩。站在指挥台（观景台）看到的形象是正常的，但如果向左向右移动 50 ～ 100 米再看，可能又会发现眼角下垂变形了，需要抬高眼角扩大眼的轮廓，等等。所以，放线时要在指挥台来回移动百米，多次调整，才能找到最适合的形象定位。

"逆透视"形成的作品，从观景台平行看到的，和无人机垂直航拍到的，形象差别很大，从观景台看很舒服，从空中看形象会拉长。

这就提出一个问题，在模型上为什么不能做到精确呢？因为创作初始没有意识做这个透视延伸和压缩效果实验，即便有这个实验，由于模型体量太小，也不易发现问题。所以，前期各种预案设计最多只是一个参考，你永远不知道大地会出什么难题，真正有价值的判断还是在现场。

大地艺术志愿者有村民、村长、企业家、公务员、派出所所长、作家、画家、设计师、教师、学生等，最大的 68 岁，最小的 6 岁。前后上了十多次山，每次三四个小时，不论大雪没膝还是烈日当头。他们用自己的身体当标杆，为了家乡不辞辛苦。大地艺术形象的每个线条、符号，都满载着志愿者美好的愿望和期待（图 12）。

图12　新疆大地艺术的部分志愿者（拍摄：王伟）

3. 远实近虚

　　绘画的素描关系是远虚近实，而在 30° 坡地上做一张十几个足球场大的面孔，就必须进行"远实近虚"的特殊艺术处理：远处的眼做实、近处的嘴虚化，这样做出来，从一公里外的观景台看过去才会舒服。在《大地凝视》四个面孔中，除了"大汉使者"，三个嘴巴都是虚化处理。其中，阿拉伯人像最大限度利用原始地貌，只动少量土方做了眼睛，没有做嘴，嘴的位置下方恰巧有一道沟壑，呈现的黑影很像一只斜叼在嘴上的烟斗，给这个商人形象平添了几分生动。

　　"前虚后实"的方法不仅仅解决巨大面孔透视变形问题，同时，少动土方、虚化隐形也是与大地的友好互动，让大地引发人更多联想。（图 13）

　　在造型施工过程中，只能在一公里外的观景台使用望远镜、对讲机遥控指挥挖掘机和推土机。在巨大的施工现场，即便拿着头像模型，也无法解决在实际操作中产生的误差，只能将错就错，根据现场地貌进行合理调整。指挥不仅需要有全局观察力，还需要有与地貌互动、灵活借势的决断力。

　　"埃及艳后"在《大地凝视》的几个头像里，是用线表达、平面装饰感最强的。在施工时借山体上本有的沟壑，只动了很少的土，阴刻出侧脸的轮廓线，尽管有投影，但效果不理想。那天挖掘机正把脸前的土向东抛，看到堆起的小土包，我顿然开悟：马上换种方法，用抛出的土再多做一层轮廓剪影，影虽虚但有体积，这样把"无"变成为"有"，前后呈现出有实、有虚、有亮、有暗多个起伏，一个一个向前递进的层次关系（图 14）。

　　挖掘机和推土机在现场巨大的起伏变化场域中，无法知道自己的位置，有时与指挥员互动中产生一个错误理解，指挥员就要从这个山冈，下到对面山坡的施工现场当面沟通，一公里左右的距离，一天跑好多趟。

图13 《大地凝视》之古巴比伦头像，新疆沙湾县，280米×450米，2017年（拍摄：王刚）

图14 《大地凝视》之古埃及艳后雪景，新疆沙湾县，200米×380米，2017年（拍摄：方如果）

四、几点感悟

1. 敬畏天地

面对这组《大地凝视》，会由衷地感叹人类之渺小、大地之广袤、宇宙之浩瀚。孔子"畏天命"隐含对宇宙主宰的敬畏，这在大地艺术创作中深有体会。

2017年7月沙湾施工前最后一次看场地。当天气温高达39℃，下午4点，车拐过几个山沟把我们放在预施工的山后边。下车却发现走错了，5个人只带了一瓶半水，在山里转了5个小时，又累又渴地翻过了四座山，傍晚10时许，天色渐暗，突然发现另一座很大的山包。大家惊呼：天呐！太适合做人像了。当即决定把古印度头像换位在这个山坡，推翻一年来经过多次推敲的方案，重新设计。那一刻，由衷感激上天引领，磨难原是为了这极致的遇见。

中国人像"大汉使者"是沙湾《大地凝视》中最后一个（图15），面积最大，用阴刻加半浮雕手法，表现中国人的中庸内敛。在嘴唇边线上有一条从东向西很长的小河，小河边有

图15 《大地凝视》之中国大汉使者，新疆沙湾县，280米×450米，2017年（拍摄：王刚）

条很小的路，为留下这条小路，我们把大汉使者的胡须往西延伸了几十米。虽然这块地没有什么大的起伏，但头像里暗藏了许多地貌缺陷，致使施工难度最大，施工周期最长，冥冥之中似在言说：中国文化历经磨难仍承续五千年，是"敬畏天地，敬畏自然"哲学观念在护佑。

2. 艺术与自然合一

新疆大地艺术结束的时间是 2017 年 10 月 24 日，此时已是天寒地冻，头像完成 70% ~ 80%，想着等来年草长起来，再看看，做最后的收尾。从现在的效果看，那时停得恰到好处。其实，留有余地才是最好的自然表达。大地艺术不是大地的装饰，它本来就是大地，它最大的特点是生生不息，最美的呈现是无限变化（图 16）。

在木垒，《大地生长》头像沐浴着晨曦晚露，在鸡鸣狗吠鸟唱虫吟中披满植被，一片生机。清晨初升的太阳从"新天际线"后跳出，逆光的"面孔"朦胧沉重。几分钟后，"新天际线"上射过万道金光，观景台草地上的露珠映衬着对面深沉墨绿的"面孔"，如钻石珍珠闪闪发光，每个露珠都折射出一个五彩斑斓的世界。太阳升高，头像的亮部像万盏聚光灯追着扩大，投影一点点退缩。空气沁人肺腑，光和影在浮雕人面上游走，100 米长的大嘴似开似合，像在呼唤走远的人类（图 17）。

在沙湾，《大地凝视》伴随鼠兔羊群觅食嬉戏迎接斗转星移，目送月神滑向天边，黎明前天空、大地合为一体。日出东方，侧面形象的埃及艳后正面迎光，随太阳慢慢升起，庄重、高贵的气质，漫散在这块独特的地域上（图 18）。

光是展现世界万物的密钥，是宇宙赐予大地生命活力的希望。观新疆大地艺术，就像观泰山日出一样，久等一晚就为早上那刻光耀邂逅。大地艺术作品光与影相遇在早晨和下午两个时辰成像效果最好，中午顶光无影看不到体积，头像消失与大地融为一体（图 19）。

曾给《大地生长》《大地凝视》各做过一个夜空延时摄影，上面是苍天星斗，下边是暗暗

图 16 《大地生长》之像一，新疆木垒县，146 米 ×260 米，2016 年（拍摄：王伟）

图17 晨曦中的《大地生长》之头像一、二，新疆木垒县，2016年（拍摄：王伟）

图18 雪中的《大地生长》之头像一、二（拍摄：王伟）

图19 《大地凝视》古印度头像局部光影，新疆沙湾，290米×420米，2017年（拍摄：王伟）

图20 夜空延时《大地生长》之像三，新疆木垒180米×260米，2016年（拍摄：王伟）

的山坡，黑黑的大地。从半夜开始，星星在移动，慢慢太阳出来，星星隐去，大地醒来，充满诗意（图20）。

3. 换个维度看世界

　　九月底的新疆，非常寒冷。一天下午，准备航拍埃及艳后与人的比例参照，把自己埋在头像的眼睛里，仰面平躺足足20分钟，天气预报2℃，不知道地面几度，冰冷彻骨，很快体温被地上寒气吸尽，除了大脑和眼睛还有知觉，整个人就融化在大地里。这个瞬间，神秘恐惧让我突然意识到：无论你是什么样的人，有多么伟大或卑微，终将变成一粒尘土。

　　这时，听到一个声音："你看到了什么？"

　　"蓝天白云。"我说。

　　"你还看到了什么？"

　　"没有了。"

　　"你往下看。"

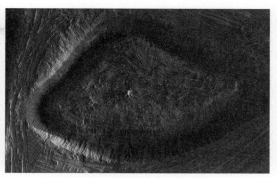

图 21　夜空延时《大地生长》之像三，新疆木垒，180 米 × 260 米，2016 年（拍摄：王伟）

图 22　《大地凝视》之古埃及艳后像局部比例参照

"躺在这里只能往上看，怎么往下看？"我很疑惑。

这时声音又传过来："你现在看的就是下边。"

我打了个激灵。以我们的定位，相反于地球吸引力方向，都会被认为是上面。但其实，浩瀚宇宙何为上下左右，就连我们的地球，也如一粒微尘，漂浮于其中。久久地凝视天宇，天即地，地即天，自然与人类本就一体。

大地艺术诠释着人类的渺小，荒野的原始厚重撞击瓦解着"以人为中心"的观念，人类应该放弃征服自然的执着，唤回天地阴阳和合的精神家园（图 21）。

大地艺术用浩渺无声的"元"语言告诉我：换个维度看世界，一切刚开始，永远在路上（图 22）。

4. 终极追问

40 多年来，从油画、综合材料、泥塑、影像、装置行为，到大地艺术，创作一直没有离开大地母体。越走越远，远到新疆；越做越低，低到泥土，与大地山脉相连，天然生成；越做心越软，如水一样顺势而为。

对艺术的理解，从造型到精神，从精神到哲学；作品中的呐喊从个体、群体到人类；从最初面对世界，到最后面对苍穹宇宙；从有声到无声。

我为什么对泥土大地这么沉迷？为什么要呐喊？为什么把泥土的人像越做越大？难道生命密码里，真的潜藏着远古女娲用泥土造人的记忆？我仍在求解那个终极的追问：我是谁？我从哪里来？我到哪里去？

土地还是那方土地，变化的是观照世界的心。

20 年来常常自问：何为艺术？艺术何为？经过大半生苦苦寻觅，我想把全世界最高的山做琴键，最长的河做琴弦，大海做舞台，面对苍穹，弹奏天覆地载之歌，如同最虔诚、最笨拙的学生，将答案写进大地里。

艺术点亮沙漠：
民勤沙漠雕塑园建设点滴

李元秋 / 中国文化产业促进会公共艺术委员会常务副会长

民勤是甘肃省武威市下辖县，地处河西走廊东北部，古为"丝绸之路"要道，西南一角与金昌市、凉州区接壤，其余均被腾格里和巴丹吉林两大沙漠包围，是一个半封闭的内陆荒漠区，发源于祁连山的石羊河是县境内唯一的地表径流。县域沙漠资源丰富、自然风光独特、文化底蕴深厚。早在 2800 多年前，这里就有人类生息繁衍，创造了著名的"沙井文化"，汉中郎将苏武曾在此牧羊，留下了许多美丽动人的传说故事，素有"人在长城之外，文居诸夏之先"之美誉。2015 年，民勤县被国家发改委等 11 个部委列为国家生态保护与建设示范区。

2018 年，我初次来到民勤县时，亲身体验这个三面被沙漠包围的西北小城，生态环境极其恶劣，虽然地域面积与北京差不多，可 95% 左右都是茫茫荒漠。民勤县如同一把楔子，镶嵌在巴丹吉林沙漠和腾格里沙漠中间，坚守着阻止两大沙漠合拢的重要使命。当置身于茫茫大漠之中，瞬间被荒芜辽阔的漫漫黄沙淹没，仿佛一颗颗沙砾一样变得渺小而纯粹时，我便从此喜欢上了这里，并开启了"2018 首届中国民勤沙漠雕塑艺术国际创作营"（图 1）。

从 2018—2021 年，连续四届的创作营活动，分别设定了"大漠长河·诗意栖居""人文·绿色·发展""丝路之梦""丝路驼声"的创作主题。来自全球 30 多个国家和地区雕塑艺术家的 117 件沙漠雕塑作品落地大漠，如一颗颗璀璨的明珠，向世界展现着其无与伦比的艺术魅力、沙漠的浩瀚壮观以及民勤防沙治沙的深厚文化蕴涵（图 2）。

一、艺术改善生态的初心

每一个有特殊意义或特别之处的环境都有它的独特魅力，无论是荒漠戈壁还是被破坏的矿坑崖壁，看似了无生机、残垣断壁、创伤累累，但对有心之人而言都有其魅力之处。"以艺术改善生态"一直是我策划公共艺术项目的初衷。近年来，我们的社会经历了无数次的改革和政策上的更新，但也造成对生态环境的各种破坏。我们难以改变事实，但可以改善现状，用艺术

图 1　开幕式现场

图 2　开幕式现场的人群

植入的方式会使这种独特的环境更加美丽，更加吸引人们的关注和向往，也更加富有生命力。艺术不光是记录美好，表现历史事件和悦人耳目，更应该引发人的警醒和反思。它在独特的环境中比在舒适的城市中更能发挥超常的效果，凸显价值和魅力，从而提高人们珍惜环境、保护生态平衡的意识。

　　同时，我也发现，但凡荒芜环境附近生活的人们无论精神文明、生活品质还是内心深处对美的渴望必定匮乏。艺术的介入改变的不只是环境，而是给周边的人们带来世界的丰富和艺术的魅力。信息的发达使这个世界变得越来越小，偏远地区的人们对艺术和美好生活的向往越来越迫切。我们有义务和责任把大城市中的艺术活动和艺术作品带给他们，使这些在偏远地区的

图3 开幕式主席台

人们不会被急速发展的社会落下得太远，也不会因为对艺术的匮乏而与现实脱节（图3）。伴随着这几年国家对偏远地区的重视，在大量自媒体宣传的影响下，城市中的人也开始向往这些荒芜地区的奇特之美，游客的步伐几乎遍及偏远地区的每个角落，艺术的方式能够有效地拉近人与人之间的距离，使彼此之间越来越了解互融，乃至于亲近。

二、创作营主题的发展

在民勤举办"沙漠雕塑艺术国际创作营"，对传播绿色环保理念、促进人沙和谐共生、推动生态文化旅游产业发展具有重要意义。我们面向全球艺术家发出征集邀请，根据民勤地域特色进行沙漠雕塑创作，从而向全世界展示民勤独有的地域特色，彰显民勤生态治理成果，传承保护防沙治沙文化，用艺术的形式诠释民勤人民贯彻创新、协调、绿色、开放、共享五大发展理念的生动实践（图4）。

中国·民勤首届沙漠雕塑国际创作营于2018年8月22日在苏武沙漠大景区隆重开幕，出自国内外雕塑家之手的26件作品永久矗立于沙漠之中，以全新的生态理念、文化符号和艺术风格，形象生动地传播人沙和谐共生理念，展现了大漠与雕塑的完美融合，得到了民勤及周边地区公众的热情拥抱。创作营活动还得到甘肃省、武威市、民勤县各级党委政府的高度重视与支持，并纳入由中宣部、文化和旅游部、国家新闻出版广电总局、国家旅游局、中国贸促会、甘肃省政府等主办的"第三届丝绸之路（敦煌）国际文化博览会"分会场（图5）。

浑然天成的塞北风光和独具魅力的大漠风情，再加上世界绝无仅有的沙漠雕塑艺术，使得民勤成为发展沙漠艺术旅游的最佳目的地。首届创作营活动的成功举办，引起了业内对民勤的

图 4　作品评审现场 1

图 5　作品评审现场 2

图 6　施工现场 1

图 7　施工现场 2

关注。第二届创作营活动在总结上一届经验的基础上，深入探讨沙漠雕塑与环境结合的新方式，提出了将民勤打造为国内外沙漠雕塑公园的经典案例的目标，力图使其成为国内沙漠艺术旅游第一品牌。

　　将架上雕塑放大置入环境，或是将城市中的雕塑移植到沙漠中，难以充分呈现沙漠环境之美，也不能充分体现"人居长城之外，文居华夏之先"的民勤先民们所创造的灿烂历史。沙漠雕塑文化的营造如何突破传统模式，实现与环境、地域、主题的完美契合，需要我们对文化、空间和可持续发展的深入思考，需要艺术创作方式与活动组织方式的创新。因此，我们在第二届民勤雕塑国际创作营尝试部分大地艺术作品的介入，由艺术家亲自完成部分大地艺术的创意及现场施工，充分利用沙丘地形、缓坡地形远近布局，加入人与雕塑互动功能（图6、图 7）。

　　第二届和第三届沙漠雕塑国际创作营则立足响应国家丝路文化建设战略，分别以"丝路之梦"和"丝路驼声"为主题，以丝路精神为纽带，以民心相通为目标，依托"丝绸之路（敦煌）国际文化博览会"这一平台，以全新的生态理念、文化符号和独树一帜的艺术风格，诠释"中国最美的大地艺术—民勤，世界最美的艺术大地—民勤"。从而助推民勤全面融入"一带一路"

建设，不断提升文化软实力和影响力，构建"西有敦煌·东有民勤"的艺术新格局，打响"沙海绿洲·绿洲碧海"文化旅游品牌。

三、精彩作品的呈现

　　四届创作营不仅传播了民勤的城市品牌，更是为民勤沙漠留下了许多精彩作品。据统计，第一届沙漠雕塑国际创作营共征集到来自 52 个国家和地区的 1569 件作品，最终评选出 26 件符合沙漠环境和活动主题的作品。第二届创作营共征集到来自 63 个国家和地区 538 位艺术家的 2327 件作品方案，最终选出符合沙漠环境和活动主题的作品方案 46 件。第三届创作营共计收到来自 73 个国家和地区 939 位艺术家，2669 件雕塑作品方案，最终入选 30 件方案。第四届创作营共计收到来自 52 个国家和地区 518 位艺术家，1330 件雕塑作品方案，最终入选 15 件方案。这些作品涵盖了石材、金属、沙雕、环保建筑材料、复合材料等多种材料，类型涉及雕塑、装置及大地艺术作品。经过当地政府与公共艺术委员会的共同努力，苏武沙漠大景区建成了全国首个沙漠雕塑国际创作营基地。如今，一件件雕塑将茫茫大漠装点成充满诗意的"雕塑艺术之洲"，这里已成为人们休闲观光、陶冶情操的旅游胜地和生态文明教育基地，也成为国内外艺术家挥洒激情、实现梦想的创意天堂。

　　艺术家赵萌为民勤沙漠创作的《梦想方舟》（图 8），以个性鲜明的造型语汇和有机的空间构建，与沙漠广袤无际的空间交相辉映，既反映出赵萌教授所具备的深厚文化素养和执着追求的艺术境界，也为沙漠带来了关于绿洲的希冀与畅想。

　　艺术家理查德从遥远的故乡瑞典来到中国，为自己民勤雕塑监督做稿，又不顾身体重疾亲自调整塑形，接连几个通宵不停工作，使所有知情者为之感动。在北京稍作调整后又亲临民勤沙漠现场，为雕塑安装制订方案，并详细计算风向，地质及基础规格等，最终落成了作品《飞翔的梦想》（图 9）。他说："我们梦想着会有一双翅膀，来实现我们古老的梦想。这件雕塑，提醒我们只要有希望和关爱，自然总是会存在于那里，并且永远都会在那里。"

　　美国艺术家皮特用现场水泥浇筑方式来创作雕塑，所以每次创作的作品都不尽相同，包括他自己也不知道会呈现什么样的形态。民勤的创作营给了他第一次在沙漠环境里创作雕塑的机

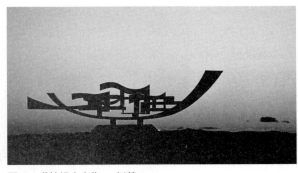

图 8　《梦想方舟》，赵萌

图 9　《飞翔的梦想》，（瑞典）理查德

会。沙漠环境的沙与陆地的土有本质不同，包括气温高，气候干燥，风力大等因素，最重要是沙质不好塑形。从挖掘机开始取沙，到布置钢筋，再到与工人共同捆扎，皮特与工人同心协力，成功完成雕塑浇筑，实现了作品《沙丘》（图10）。其造型引用了大型而简单的线条图表来象征山脉、海景、河流、沙丘等大自然的宏伟景观，人们望着它，就如同透过一扇时间的窗户，观看变迁的时空。

日本艺术家朝野浩行的《太阳之滴》（图11），意在表现无限的阳光和无尽的时间。当太阳光进入雕塑的洞中时，光影出现在雕塑的凹处。光线的阴影，随着时间的变化而改变形状，光影的形状就像阳光的水滴，太阳的无限光芒给予未来无尽的时间。

土耳其艺术家伊克尔·亚尔迪米的《诗意的循环》（图12），以一种动态的球状运动，来反映中国文化中的宇宙观。他认为，在中国文化中，圆象征着天空。球体是宇宙中最为重要的元素，作为一种形式，圆形与球体，都是温暖光滑的事物。

土耳其艺术家松居尔·吉尔金的《沙舞》（图13）意在表达自然生发的运动状态。在创作时，她试图表现出这一运动状态的形式感和抒情内涵：波浪粉碎岩石，风不断吹拂，并引起沙丘形

图10　《沙丘》，皮特

图11　《太阳之滴》，朝野浩行

图12　《诗意的循环》，伊克尔·亚尔迪米

图13　《沙舞》，松居尔·吉尔金

态的变化……自然元素，在转变的过程中，重复出现。在艺术家看来，沙漠是一个乌托邦，它通过风形成的自然波动，在巨大的空虚感中，创造出运动感和幻觉。

艺术家霍波洋的《清源》（图14），将中国传统文化精神与当代抽象表现手法融为一体，表现了中国传统审美理念里"清"的精神境界。作品意境悠远，空灵惆怅。在大漠之中，更加彰显出别样情思。

艺术家董书兵的《星光阁》（图15），参照中国古代楼阁建筑的样式，使用现代新材料在当下的语境中重新构建。作品使用方钢作为结构主体，以一种解构搭建的形式重塑楼阁。在色彩的运用上简洁明了，白色的方钢以线性搭建的方式构造，使得整个作品更为整体与凌厉，在沙漠旷野之中能够凸显出来。这种对于古代建筑样式的重新解读在当代形成一种独特的语汇，材料的新鲜感与建筑的历史感对撞出如梦似幻的场景。在民勤悠久的历史背景下，这样的对撞无疑是既有历史的根源可以追溯，又有符合时代发展的前景可以展望；同时也符合雕塑创作营的主题。

艺术家景晓雷《预言》（图16），是一尊巨大的机器人半身像。在黄沙之中，她颔首俯视着这一片苍茫的荒漠，不锈钢的躯体，映照出荒芜与寂灭。理性与逻辑使我们强大，科技使我们看清物质的本质，在无边的沙漠中，强大的科技在宇宙与时间面前显得苍白，我们怀着对未来的期待和忧虑，寻求人类文明与自然和解的途径。

艺术家段秀森的作品《梦》（图17）以钢材焊接的头部及砂土，与树木相互并置，隐喻人与自然界的关系。铁栅框格是囚笼也是保护，象征人们在治沙过程中与沙漠的调和与对峙。微闭的双目是大地的悲怆，也是人类的疼痛……

雕塑家曹智勇的《大漠之梦》（图18）孕育着希望的光芒，象征源源不断的生命。坚实的锁，则象征的是民勤政府防沙、治沙的坚定决心。铁链将两个物体，紧密连在一起，表现出当地政府、民众将文化艺术巧妙融合的期许。

艺术家乔迁的《远方》（图19），充满了静谧的诗意。作品以圆为形，如日月升沉于地平线，寓意天、地、时间；人作伫立状，寓意人类对历史和未来的思考；静默的马，寓意这里作为人

图14　《清源》，霍波洋

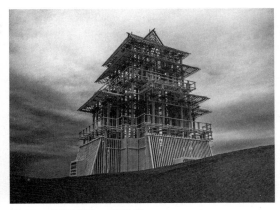
图15　《星光阁》，董书兵

图 16　《预言》，景晓雷

图 17　《梦》，段秀森

图 18　《大漠之梦》，曹智勇

图 19　《远方》，乔迁

类家园的漫长历史。以金属形和大地共同构成一个引发沉思的图景。

　　艺术家谭勋的《谷歌地理计划》（图 20）是一个系列性的在地作品。这一作品运用了 Google Earth（以下简称：GE）的科技。GE 是谷歌系统的一个软件，通过它可以任意下载所需的空间地理地貌。他对该技术进行了一个"在地性"系统研究的延伸，作品实施由北到南，不同的山川地貌使得作品所传达出的气质、性格形成了鲜明的对比。腾格里沙漠的苍茫与壮美在《谷歌地理计划：甘肃民勤》这一作品中，表现得淋漓尽致。

　　雕塑家陈晓春的《舟·迹》（图 21），呈现了"沙漠之舟"骆驼在丝绸之路上默默承载、坚韧前行的形象。丝绸之路是一条连接世界的大道，也是东西方文化交流的主要路径，多条丝路的轨迹在河西走廊汇成一体，产生孕育了辉煌的丝路文化带，今天的再次重构丝路，不仅是对历史的尊重，更是当代中国智慧的体现，回顾丝路发展历程中不可代替的驼队，为我们当代审视个人的存在价值带来了再思考、再审视、再定位。

　　雕塑是静态的，当这些艺术精品置于滚滚大漠中时，这种静态，会被流沙映衬，铭刻着时空的变幻，铸造出特有的审美意象，呈现出大漠与雕塑之间恒久的互动性效应。同时，雕塑是

图 20　《谷歌地理计划：甘肃民勤》，谭勋　　　　图 21　《舟·迹》，陈晓春

空间性艺术，在不同的环境当中，是能够与地域、人文元素产生文化联系的一种艺术方式。当雕塑与沙漠融合在一起的时候，必然会把沙漠的人文、气息、自然风情恰当地融会在一起。荒凉的沙漠，顷刻间，顿会充盈着生命的律动，这种生命的力量，恰恰是文化的力量和文化的生命！

四、经验总结与问题反思

著名批评家孙振华博士认为，民勤沙漠雕塑创作营具有三个方面的突破：第一个突破，开创了全国首个在沙漠环境中举办的公共艺术活动，填补了国内空白。第二个突破，创造了雕塑艺术新的空间形态。如何利用沙漠的自然特点和资源，创造性地将沙漠作为雕塑的新的承载空间和审美观赏空间，这是中国雕塑艺术发展的一个重要空间突破。他认为，对于中国雕塑家而言，考虑面对大地、面对荒漠怎么来做雕塑，在当下是一个革命性的课题。第三个突破，在于创造了一个运行良好的活动机制，为国际流行的艺术创作营模式提供了宝贵的中国经验，即在于"政府主导，学术介入，国际规则，社会动员"的机制。这个机制既引入了国际流行的策展人制度，引入了学术的力量，又有中国自己的特点。

对于我们团队而言，在沙漠中树立雕塑，听起来浪漫又美好，但在具体操作之中，现实是非常骨感的。与在普通的城市建雕塑相比，这里的工作要艰苦许多。我们在四届沙漠创作营的实践之上，也进行了自身的经验总结与问题反思。

第一，首先面临的是课题是"我们要这座县城带来什么"的问题。在国际上，通过艺术为地理位置偏僻、经济凋敝区域注入活力的项目中，"越后妻有大地艺术祭""濑户内海艺术节"是经常被谈起的案例。在视觉上，包容雕塑形式在内的公共艺术是比较有效改变地方面貌的策略，能够作用于环境和整体氛围的营造，形成艺术集群和规模效应。这些艺术作品一方面承载独特的地域文化，另一方面包容国际的视野，两条线索并行不悖。事实上，艺术本身并不能直接解决经济问题。艺术更多的是通过作用于精神和物理空间来改变场域的能量。对经济产生效应的是以艺术为切入点的一系列与之相配套的运营工作。民勤项目能够持久地延续和创新，与当地政府的目标决心息息相关，没有这样大力扶持和相关旅游配套工作的开展，就不可能有这样的社会关注度和热情。

第二，生态意识的唤醒。民勤是一个贫困县。作为夹在腾格里和巴丹吉林沙漠之间的稀缺绿地，它对整个西北的生态环境产生着举足轻重的作用。一旦民勤作为地理上的绿洲消失，两大沙漠将合为一体，形成全世界最大的沙漠区并将进一步扩大。国家领导人曾先后批示：绝不让民勤成为第二个罗布泊。雕塑公园的建成伴随着旅游开发，而旅游开发会带来很多商业上的机会，但同时也将带来对环境的新的伤害。这样的情况，不禁令人反思，如果我们今天所做的事情，是在荒漠的绿洲中建设文化的绿洲，那么真正的文化滋养究竟是什么？因此，民勤的文化建设首先要考虑的是生态的可持续性。将生态与环保的理念更好地融入创作营中，唤醒民众的思考以及积极的行动，是创作营工作的重点和特色。

第三，文化遗产的保护和转化。民勤在历史上享有"人在长城之外，文居华夏之先"的美誉。作为曾经创造了辉煌灿烂的西北少数民族文化的古国遗地，民勤还有许多值得深挖细探的文化宝藏。创作营的持续开展能否使民勤成为西北文化艺术的一个独特的聚集群落，也是我们积极探索拓展的方向。

第四，具体技术难题的克服。恶劣的生态环境为雕塑的落成带来极大挑战。沙漠早晚温差大，极度干燥，水蒸发量很大，沙地中水的流失速度也比一般的土地要高数倍。在这样的情况之下，雕塑的施工就很困难。有几件由混凝土浇筑而成的作品，必须要不停地补水，以免水泥过早干裂，普通条件下一天喷一次，沙漠里一天就得喷上三四次。打地基也很困难，沙不稳定，对基础的包裹力基本等于零。再加上一个月一两次侵袭而来的沙尘暴，对雕塑作品的安全性提出很高的要求。例如瑞典艺术家理查德的作品《飞翔的梦》，是一对翅膀，和地面相接的着力点很小，翅膀的造型风阻又很大，为了固定住它，工作人员往下打入了 1.2 ～ 1.5m 深的地基，使用了雕塑本身十几倍重量的混凝土，仅地基就达到了 50 多吨。经过现实的沙尘暴的检验，这件作品抗十级大风没有问题。还有一位美国雕塑家皮特的作品，地基的深度达到了 2.5m，整体重达 200 多吨，作品吊装过程中经历了前所未有的难度。我们也正是在这样不断解决问题的过程中积累了一整套在沙漠建造景观艺术的工作经验。

五、对地方文旅的拉动

经过连续四年的努力，民勤而今一举成为沙漠艺术之都，聚焦了业内的目光和关注。每当周末和节假日，这里游客如织，人们穿行在浩瀚碧空下的黄沙与雕塑之间，驻足赏析，拍照留念，欢声笑语响彻云霄，叫人根本无法想象三年前还是荒无人烟的茫茫大漠。

从民勤县政府发布的政府工作报告中可以看到，民勤县提出"沙海绿洲·绿洲碧海"文化旅游品牌，全力推动民勤成为全国沙漠旅游黄金目的地。同时，民勤县将文化旅游产业纳入国民经济发展总体规划，成立民勤县文化旅游产业发展领导小组和重点项目协调推进领导小组，制定出台《民勤县文化旅游产业发展扶持奖励办法》等配套政策，健全完善产业发展、奖励考核、优惠补贴等扶持措施，集中突破苏武沙漠大景区、石羊河大景区建设。围绕苏武文化、腾格里沙漠资源，落地实施苏武沙漠大景区项目，稳步推进包含沙漠雕塑国际创作基地在内的多个项目建设稳步推进。

根据官方公布数据，2019 年春节长假期间，中国·民勤沙漠雕塑国际创作营迎来旅游"开门红"，累计接待周边地区及返乡团圆的游客 4.6 万余人次；2020 年，民勤沙漠雕塑博物馆成为国庆、中秋旅游热门打卡地，累计接待游客 3 万余人次；2021 年国庆假期，民勤苏武沙漠大景区共接待旅游人数 2.32 万人次。2016—2020 年，全县累计接待游客 315.23 万人次，年均增速 29.8%；实现旅游综合收入 19.93 亿元，年均增速 35.65 %。翔实的数据有力地论证了民勤沙漠雕塑创作营对地方文旅产业的不可忽视的拉动作用。从另一个角度来看，公共艺术项目绝不是孤芳自赏的艺术创作，它必须要纳入到地方产业发展的规划蓝图之中，才可能放大其社会效应，实现艺术改善生态，艺术改善民生的梦想和初心。

六、个人的感受

无论是大漠莽原还是纵横沟壑，追求地域上的特殊性是我选择是否策划活动的基本条件。不一样的生态环境和艺术形式，更能体现艺术在生态环境中的重要性。当然，这样做的风险就会增加，过程更具挑战性，因为每个不同的地域环境都要重新制定新的方案，新的实施计划，更要重新定义艺术内容。虽然这过程充满无数艰辛、未知困难和方案不断调整等问题，但是有什么比让公共艺术作品在独一无二的环境中呈现更使人兴奋的呢？还有什么能比用艺术的形式使荒芜之地变旅游胜地更能激发人的斗志呢？

回顾在民勤沙漠策划雕塑创作营活动经历，每个瞬间都值得回忆。第一次与民勤黄书记见面并听她热情洋溢地介绍民勤地域特色和治沙精神时，我就深深地被这股执着所感动；再加上在沙漠建设雕塑公园的挑战性、独特性更是激发了我极大的兴致。让艺术家根据地域环境、人文特色以及活动主题设计只适合符合这个活动的艺术作品，这对艺术家也是挑战，更能体现对活动的高度负责。艺术家本身就是在不断创作中寻找灵感，不同的环境、主题和地方文化，对每个优秀的艺术家来说都是丰富的题材，只要用心，定会创作出优秀的经典之作。

未来未知，任重道远。我们不知道下一个艺术介入的环境在哪里，但我们会坚持下去，发现更多荒芜之地，用艺术的方式改善生态上的弊端，以此拉近人与人之间的距离，共同感受艺术的美妙和魅力。

西北地区的公共艺术实践：
董书兵的"荒野艺术计划"

董书兵 / 清华大学美术学院教授

孟　超 / 清华大学美术学院 博士生

王　寅 / 清华大学美术学院 博士生

张冠乔 / 清华大学美术学院 硕士生

引言

　　近年来，公共艺术在中国文化语境中探索出了不同于西方的发展空间与艺术形式，也成为当下雕塑领域探讨的热点问题。除了城市空间内的公共艺术，还有很多人迹罕至的自然空间等待着艺术家去自由发挥。如何通过艺术实践介入这些"荒凉之地"，将"人文生命"注入荒野空间，进而将其激活，是本文所研讨的主要问题，针对该问题展开的"荒野艺术计划"是研究的具体实践与主要途径。

　　"荒野艺术计划"是清华大学美术学院雕塑系主任董书兵教授于 2019 年提出的一个概念，这一想法是其在西北地区艺术实践的过程中逐渐形成的，通过几年的积累，董书兵想把在戈壁滩的创作做成一个完整的系列。这个计划的实施地点是在甘肃酒泉的瓜州县，瓜州距敦煌 120 公里，历史悠久、文化繁荣，是古代丝绸之路上的重镇，相传玄奘西行取经时曾在此停留，也是"草圣"张芝的故乡。

一、缘起的《大地之子》

　　实际上董书兵在 2016 年选择瓜州创作《大地之子》的初衷只是想在荒无人烟的地方找一个空间，来完成一件大型的雕塑作品。董书兵在中央美术学院就读研究生期间曾有过一系列婴儿题材的创作，从 20 厘米大小的婴儿雕塑到这件长 15 米的《大地之子》前后经历了将近 10 年的时间，其间同一题材不同尺寸的作品也参加过从画廊到美术馆的各种展览，最终在戈壁滩上找到了它的归宿。因为这是董书兵个人自发的创作行为，需取得合法的手续后才能施工，所以与当地政府以及相关机构沟通时经历了一个十分艰辛的过程，人们对于董书兵的这种行为不是很理解，不明白他为什么要花这么多钱去做一个雕塑。幸运的是，最终董书兵说服了大家，如今的《大地之子》俨然成为瓜州的一张名片，也是当地旅游业的重要收益来源，当地人也逐渐明白了一件好的艺术品的重要意义。

在《大地之子》生根的这块土地上，居民们安定祥和、农耕不懈，开凿与营造石窟曾经是当地民众生活的一部分，造型艺术的传统在此处从没有中断。俯卧在戈壁滩的《大地之子》延续了此地先民们重造型的传统，以一颗未谙世事的童心和千年前的佛教艺术对话交流，未被污染、虔诚易感的天性也更容易与宗教的崇高境界冥然沟通。

古代敦煌地处丝绸之路要冲，往来于此的人们带来了各自不同的文化与科技。在长期的碰撞和磨合中，聚居在敦煌周边的各族人民通过大量劳动实践，总结出适宜于本地文化艺术生产的经验和方法，我们从现存的点滴遗迹中可见敦煌古人的劳动智慧就已十分了得，例如造型领域中莫高窟彩塑的"木骨泥胎"以及壁画中的"沥粉堆金"，等等。然而随着时代的变迁，艺术不可避免地走向多元化的发展方向，传统艺术今日该如何继承和发展？这是新世纪摆在每位艺术家面前的课题。

董书兵是一位另辟蹊径的艺术家，对他的从艺历程稍作了解，可以知道他是位"土生土长"的艺术家，然而土生土长又不孤陋寡闻却很难得。从作品《大地之子》董书兵尝试走出艺术家工作室，离开雕塑转台和架上，从一个"现场"到另一个"现场"，不断对雕塑这一古老的艺术形式提出最本质的追问，不断弱化与模糊诸如"雕塑艺术""大地艺术""装置艺术"等艺术形式之间的界限，并将这种来自现场的能量，凝聚汇总、厚积薄发，完成了一件件受人瞩目的力作。

《大地之子》在整体营造上无疑是要表现生命和力量的，但作者却选择了至柔的婴儿形象，至静的动态表达。婴儿本来是娇小的，却被放大到长15米、高4.3米、宽9米的巨大尺寸，柔软弹性的皮肤被置换成粗粝坚硬的红砂岩石材。正所谓："致虚静，守静笃，万物并作。"抓住了静中之动即抓住了比动本身更坚韧的生命力量。这一巨大婴儿的基本形无疑是强调稳定的，是一种静的生命，但形体里却蕴含了猛烈的动势，下沉的腰部和胸腔，向后上方高高耸起的臀部，似跪似趴的姿态，平静的安睡中蕴有蓄势待发的力量之美。

婴儿面部自然地摆向一侧，内敛宁静的神情，紧握拳头，打赤脚，开裆裤——看起来与任何褓褛中熟睡的婴儿无异，是虽无言却每时每刻都在悄然成长的小小生命。但无论创作意图如何，《大地之子》都不是简单地模仿和再现生活中的婴儿形象，面部、手、足等形体的处理明显让人联想到中国传统佛教造像中一些高度概括却颇具意象的表现手法，从方圆的耳廓、嘴角唇窝、紧握小拳头的细节之处也不难发现与中国传统雕塑造型的异曲同工。这种经过艺术家再现和表现综合处理后所显示出的"理想性"，较之单纯地模仿婴儿的形象更加深刻。

在具体处理上，细节是丰富的，形体是单纯的，使作品远观近看皆有内容。坚硬石头的质感软化为弹性的婴儿皮肤和柔软的织物。伏地的动势不但暗合"大地之子"的主题，在考虑与自然的关系上，红砂岩石材的选用结合戈壁背景也容易引起人们更广阔的情感体验。这种"发纤秾于简古，寄至味于淡泊"的统一，内藏于作品的含蓄深沉，外现于作品的质朴平淡。不得不说，这是作者经营作品的过人之处。由于作品是用石材逐块雕刻并最后拼装组合的方法制作，石块与石块之间的缝隙会使完成后的作品形成一种类似垒砖块般的表面效果，这虽然是限于大型石雕不能由整块石料雕刻完成的技术局限，却恰到好处地避免了作品因巨大尺度带来的表面略显空乏的视觉印象。可以说《大地之子》把最小与最大、最柔与最硬、最静与最动，这一连串的矛盾巧妙地统一在了一起。

当地民众对《大地之子》的印象是高贵、单纯、静穆和伟大的，并被认为是"耐看""看得懂"的艺术品。"耐看"与"看得懂"是对艺术作品审美价值最为通俗质朴的概括，这一"雅俗共赏"的作品所获取的最后的效果和社会认同可以概括为"专家拍手，群众点头"。

造型艺术自 20 世纪以来就不断出现观者难以理解的形式，试图通过界定规范与内质也就是客观标准去确定艺术门类的常态已相当困难，究竟什么才是雕塑的问题，越来越让人琢磨不透。在这样一种语境下，董书兵偏偏反其道而行。选用大众更易于接受的通俗易懂的形式，是否会导致作品文化品位和深度的滑坡？显然，这样的焦虑是多余的，在现代主义、后现代主义的文化语境下，雕塑从"纯粹"中逐渐出走，重回现实、干预生活，众多的雕塑家纷纷走出工作室参与到公共空间，董书兵也是这一路线的践行者。可贵的是，他在雅与俗的交融中并没有降低对作品"质"的要求，也没有放松对人类存在状态的关怀和高尚人格的追求。

在技术上《大地之子》运用了数字雕刻技术，通过 3D 建模预先将雕塑分块，现场进行制作安装。这样的做法可谓前卫，在形式与内质上则捍卫了传统雕塑语言的纯粹性。"汲取传统，曲高和众，别立新宗"这是董书兵在长久的艺术实践中形成的个人风格，也是他在纷繁复杂的艺术现象面前始终保持清醒与果敢的法宝。

《大地之子》与作者以往架上的创作经验不同，对于地域和城市文化的关注是艺术家创作意图的着眼点，从创作方法到工作模式都基于当地民众自身的文化欣赏习俗，在构思立意之初就以发掘原本属于大众的审美意识和精神诉求为己任。随着媒体关注度和观众数量的提升，《大地之子》不单单作为一件作品，更逐渐成为一种社会资源，为当地民众提供了一个开放的精神场，对于促进地域经济、文化、政治各方面的全面发展，尤其是在提高城市文化形象方面发挥了独特的价值。艺术家在作品与地域文化和人类生活的关系上作了积极的探讨（图1）。

图1　《大地之子》，董书兵，15 米 ×9 米 ×4.3 米，红砂岩，2016 年

目前的中国正处在由"和谐"这一高层次语言体系所构筑的大的文化语境之下，数千年文化与文明的积淀应该是当代艺术家前进的方向和底气，在传统中寻根，在现实中关照，不失为艺术创作的最佳情境。在"一带一路"发展倡议下的中国，在"和谐"这一高层次文化语境下的中国，在历史与当下交汇处的中国，不仅是能量的聚积地，同时也是一个正在施工中的巨大现场，能量巨大，生机勃勃。作为艺术家的董书兵是犀利和敏锐的，在遵循传统与关照现实的不懈实践中找到了自己的位置。

二、新地标《无界》

自《大地之子》在瓜州取得成功之后，人们逐渐意识到了公共艺术对于当地的文化建设及经济发展的重要性，所以瓜州人民非常期待董书兵能够为瓜州再带来一件新的地标式的艺术作品。《无界》是董书兵在瓜州市继《大地之子》之后进行的第二件大型公共艺术创作，完成于2018年的夏天。从雕塑的表现语言上来讲，《无界》与《大地之子》有不同的侧重，它并不是一种很写实的雕塑，而是略带现代感的抽象作品。董书兵一方面在架上雕塑的形体之内进行探索，一方面也在积极地对新材料、新观念不断尝试。

董书兵在过去30年的教学生涯中，一直游走在西北的这条路线上，他曾多次带领学生参观榆林窟、敦煌莫高窟等中国传统艺术圣地，所以日积月累下来，西北的洞窟文化对他的创作影响非常的大。《无界》的创作灵感就源自敦煌壁画里头的场景——唐代的《经变画》。在莫高窟的壁画背景中常常有这样的建筑题材，古代的匠人在绘制西方极乐世界时往往是参考着当时最为富丽的亭台楼阁，所以它的制式基本上是和所处的时代相一致的。董书兵之所以要在瓜州以现代的手段创作一件传统题材的作品，也是表达了对中国西北传统文化在未来进行现代化转化的一种期许。

《无界》总长60米，宽40米，高21米，距离《大地之子》大约500米，处在一个更为空旷的地块，每当正午时分地面空气因太阳炙烤产生折射的时候，《无界》就会如海市蜃楼般出现在隔壁之中。作品的整体造型遵行传统建筑格局结构，由一座"主殿"和四座"楼阙"组成，呈中心对称式，主次分明、富有节奏感、色彩讲究、具有强烈鲜明的视觉效果。雕塑主体由不锈钢管搭建而成，不锈钢管之间留有缝隙，之所以进行这样的设计，一是方便风从中间穿过，以减少对雕塑整体的冲击；二是为了营造一种虚实结合的视觉效果，产生虚和实的关系，这种以虚实结合的方式最大限度地占有了空间，并无限地向外延伸。

这件作品也是采用了现场制作安装的方式，总共用了三个月左右的时间。在材料运抵现场之前，董书兵已对雕塑进行了完整的设计，包括前期模型的搭建，董书兵在工作室用PVC材料的白色方管一根一根地进行推敲，之后再用3D建模，对现场的实景进行模拟。确定好安装方案之后，再将所有的材料运到瓜州进行现场制作，此作品最终共使用了不同型号的钢管型材约6300余根，连接卡扣约30000个，董书兵根据每个结构的实际需要，将钢管分成了17种不同规格，再放到对应的地方去。之所以选择这种现场制作的方式，其实是为了艺术家可以根据当地的环境进行不断的调整，《无界》最终制作完成后，和小稿比较也是有一些区别的，因为体量上的巨大差异，在软件中很难去准确地体会人在这样大的雕塑面前的实际观感，而现场

图 2　《无界》，董书兵，60 米 × 40 米 × 21 米，钢管、卡扣，2018 年

的调整就需要有丰富的经验和临场的应变能力。董书兵在经历过之前《大地之子》的创作的锻炼后，对这一切早已驾轻就熟。

　　《无界》不仅将雕塑的多样性展现给了当地的百姓，也促成了艺术家与政府、媒体等之间广泛合作的典范，本次创作受益于之前《大地之子》的良好口碑，受到了瓜州政府及爱心企业的大力支持，在无界落成之后，又给瓜州带来了一件非常重要的大型的艺术作品，它横跨在瓜州公路的主干道旁边，每一个路过的人都会被其吸引，在茫茫的戈壁之中出现一座如此庞大的唐代建筑群，让人一下就有一种时间与空间的交错的感觉。可以说《无界》是一件集公共性、公益性、地标性、开放性等特点于一身的作品，这样的作品丰富了瓜州雕塑长廊的多样性，为瓜州的文化气息增添了厚度，也为公共艺术与地方环境的融合指出了一些新的可能性（图 2）。

三、演绎自然的《风语者》

　　成功的公共艺术作品往往会与其所在地产生某种奇妙的羁绊，例如当提到芝加哥时会想到人们争先恐后地穿过那拥有奇特造型的"云门"；提到哥本哈根时人们会想到朗厄利尼海滨浅海中的那尊美人鱼；而漫步在布拉格的市中心时你也一定会被那巨大的旋转的卡夫卡头像所吸引。那对于放置于自然环境之中的公共艺术作品来说，通过对场所精神的尊重与重塑，应能够重新唤起人们对于现实环境体验的感情思想，并带给人们精神上的共鸣。

　　董书兵创作于 2020 年秋天的动态雕塑《风语者》是"荒野艺术计划"中继《大地之子》

和《无界》之后的第三件户外大型装置作品，在瓜州大道南侧茫茫的戈壁滩上实现了新的突破。512 根钢管整齐有序地矗立在戈壁滩上，这些高 9 米的线形钢材在风中缓缓摆动，远远望去它们好像摇晃着戈壁滩上的烈日，发出金灿灿的光斑，走进则可以聆听到金属相互碰撞发出的声音，在绵延的瓜州大道旁形成了一道亮丽的风景。

《风语者》在作品《无界》的制作过程中被激发诞生，戈壁滩的横风使搭建过程充满了钢管相互碰撞的声音，而这股源自自然界的神秘力量在这看似充满戏剧性却透出了某种必然联系的事件里被发现。因地理位置独特，风能资源丰富，瓜州被誉为是"世界风电之都"，素有"世界风库"之称。风能密度可达 174 瓦 / 平方米，日平均风速不低于 3 米 / 秒。正是在这样的自然条件下，瓜州最具代表性的风成为艺术语言表达和转换的对象。作品在构思和制作中充分利用当地自然环境和气候特征，在 128 组钢管的排列下，邻近的钢管因风力作用在可控范围内运动，相互碰撞并发出声响，形成风能制动效应。对于声音的自然演绎成为《风语者》在戈壁滩上连接听觉和视觉的桥梁。风的可视化赋予了雕塑动态的美感，风的听觉转化赋予了雕塑抽象的联想空间，如同舞者优雅的舞姿，乐曲律动的旋律。通过运动和声音的加入，雕塑在三维空间的立体造型得到拓展，并将时间的维度融合其中，延伸和扩展了作品的场域感。

从空中俯瞰，《风语者》整体上呈外方内圆，古人将方圆之内视为天地，具有朴素的辩证法色彩，圆是中国道家通变、趋时的学问；方是中国儒家人格修养的理想境界，正所谓："智欲其圆道，行欲其方正"，天圆地方是古代先哲们认识世界的思维方式。美学家宗白华曾言："艺术家要透过秩序的网幕来把握住那真理的闪光。这秩序的网幕是由各个艺术家的意匠组织线、点、光、色、形体、声音或文字成为有机谐和的艺术形式。"

戈壁中的《风语者》在空旷的沙丘中，横亘在一方天地之间，伴随着朝阳和日落，时而静默，时而发出声响，仿佛是大地与宇宙对话的场所，将千年的故事对过往的人群娓娓道来，形成了某种奇妙的场域和意境。在这种情形下，观众行走在阵列间隙中，伴随风的浮动似进行仪式，重新审视周身环境的同时体会天地的境界，仰观宇宙之大，包含天地的广度又不失恢弘气势下的微妙哲思。

《风语者》印证了公共艺术与区域的紧密联系性，试想如此规模的大型装置作品要是放置在城市广场中，所达到的艺术效果和作品本身具有的公共性和地域性都会大打折扣。就如同奇利达的公共艺术作品《风之梳》只有出现在塞巴斯蒂安的海岸线才拥有足够的冲击力。当此之时，不禁喟叹：现代工业的车轮滚过充满原始野性气息的戈壁滩，人类文明的科技产物和大自然的鬼斧神工相辅相成。在苍茫的戈壁上，巨大的金属立柱群俨然形成了一抹活跃的生机，与《大地之子》和《无界》遥相呼应，吸引着慕名而来的观众（图 3）。

在那片土地上，董书兵保持着最原始的创作激情和冲动。对文字不擅长的他不喜欢用文字总结自己的作品，谦逊的他更从来不会说如何肩负着千年文化重镇的艺术延续之责，他只是承认达到了一个艺术家靠作品所能获得的喜悦、满足和自由的新高度。

在董书兵眼里，艺术创作并不是简单地把雕塑竖立起来，更重要的是寻找作品与环境的契合点。从《大地之子》与地形地貌的结合，到《无界》与历史文化的呼应，再到《风雨者》借助气候特征发声，这三件作品是能够紧紧地与当地的整个场域结合在一起的。在瓜州戈壁大概 50 公里长的这条路上，董书兵计划完成 10 件到 50 件艺术作品，目前他个人已经完成了三件，

图 3 《风语者》，董书兵，30 米 ×30 米 ×9 米，钢管、卡扣，2020 年

同时他也在积极地邀请一些国内外比较有探索精神和比较活跃的艺术家参与到这个艺术计划当中，在荒野里构建一个艺术长廊。

四、遨游的《戈壁方舟》

　　《戈壁方舟》是董书兵已故的同事兼好友赵萌教授的作品，赵萌一生努力投身雕塑与公共艺术的创新探索，创造出大量的杰出的艺术作品，尤其在他的"方舟"主题系列中，熔铸济世情怀，关注人类文明，思考历史与生命，展现出其超卓的文化境界和人格精神。董书兵与赵萌多次一起来到西北考察、实践，他曾向赵萌许诺要将他的方舟系列作品带到瓜州。这件《戈壁方舟》是在 2020 年即赵萌教授去世一周年之后完成的，由董书兵个人出资，一方面是表达了对好友的追思，另一方面也是将好的作品放置在合适的环境，赋予其永久的生命力。

　　赵萌教授生前曾经参与过大量公共艺术项目的策划，尤其是参与了奥运会、中华世纪坛、香港紫荆花雕塑等大型政府项目的运作。通过这些项目，赵萌对于公共艺术的理解更具普世价值的色彩，他在创作中也致力于将自己的艺术理想呈现于大众文化的生态景观中。作为中国公共艺术的早期实践者，他在喧嚣的商业化艺术大潮中能够始终恪守人文主义立场，将艺术的升格看作是人类追求精神进步的一部分。与此同时，随着社会主义新时代文化建设的崛起，需要一批有时代担当的艺术家始终保持对人类终极问题的反思，并提供这些思考的精神与审美形式，从某种意义上讲，赵萌的《方舟》系列就呈现了这样的新文化姿态。

图4 《戈壁方舟》，赵萌，12米×4.5米×6米，耐候钢，2020年

　　"方舟"雕塑饱含对当代社会及人类命运的关怀，赵萌将西方神话中的救赎精神引入到中国的哲学与当代文化语境之中，如何以雕塑的方式重构、重释"方舟"这一经典的象征形式，是赵萌雕塑创作的核心。赵萌常将具象人物化为抽象凝练的人形置于方舟之上，以最大化地降低个人的元素，凸显群体的共性特征；方舟也与传统意义上的造型略有不同，它们造型凝练简介，将树干、金属等材料以几何化的手段融入其中，将方"舟"概括为一种承载着人类命运的图腾。

　　此次创作的《戈壁方舟》雕塑长12米、高6米、宽3.5米，重达10吨，采用金属焊接工艺制成。在作品运抵瓜州之前，董书兵团队以及在河北的工厂根据模型进行了等比例放大，然后根据装载的要求切割成若干小块，最后现场进行整体拼装。雕塑采用了1厘米厚的耐候钢材料，在自然氧化下能够形成一种铁红色的效果，与背景色彩相得益彰（图4）。

　　因为酒泉是丝绸之路的一个重要地理节点，这件作品的落成也寄寓着现代丝路的扬帆远航，"方舟"浮游在广袤的戈壁滩之上，此起彼伏的山川如波涛一般，在乘风破浪中寄托着人类的厚望与期盼。人类命运与大自然始终紧密相连，"方舟精神"是具有人类普世价值和意义的一股精神力量，这种精神力量在丝路文明中被汇聚、延展、传承，并不断激励人们不畏艰险、勇敢前行。

五、大地上的《汉武雄风》

　　"大风起兮云飞扬，汉武垂首兮震四方。"瓜州戈壁滩上一尊帝王像微垂着眼帘，静穆地凝视着大地。《汉武雄风》是青年雕塑家张万兴创作的以丝路文明为背景的雕塑作品。与董书兵的《大地之子》一样以红砂岩为主要材质，通过3D扫描和数字技术创建数据，最后逐块雕砌安装成型。雕塑总高约 15 米，主体部分表现了汉武帝的理想面部形象，基座部分巧妙地嵌入一个山坡，远看恰似浑厚的身体，结合绵延的沙丘，展现出了汉武帝的磅礴气势。将汉武帝屹立在戈壁之上，其内涵不言而喻。作品所承载的文化记忆和赤黄色的土地完美地交融在了一起。汉朝是中国人向往的时期，古人有豪言壮语："犯我强汉者，虽远必诛！"时至今日我们仍以汉人自居，以汉唐文化为之骄傲。家喻户晓的秦皇汉武之丰功伟业代代相传，在这片土地上发生的人和事勾起我们华夏民族深藏血液里的铮铮铁骨。雄才大略的汉武大帝北击匈奴，开疆拓土，列四郡而据两关，开辟了丝绸之路，第一次把中国人的目光投向了世界。

图 5　《汉武雄风》，张万兴，6 米 ×9 米 ×15 米
红砂岩、耐候钢，2020 年

　　古代的瓜州隶属安西县，早在四千年前安西就有先民繁衍生息。从地理位置上看，西北地区在汉代作为经济贸易的枢纽，对其时之中国有着十分重要的作用，而瓜州作为陆上丝绸之路要道上之一，千百年风雨里承载其中的文化内涵何其磅礴而浑厚。新时代的背景下，国家对于一带一路的重拾和发展给予了极大的政策支持。正是在这样一个历史契机下，汉武帝的形象出现在瓜州戈壁滩上可以说相得益彰。作品通过对武帝光辉形象的塑造，将具体的历史人物与地域文化、特定事件紧密相连，其风格远承汉唐之雄伟气韵，具有质朴无华的美学追求，不仅与苍茫的戈壁气象相统一，又能与时代精神相契合（图 5）。

　　历史文明题材的公共雕塑作品近年来在城市建设中频繁出现，但大多数雕塑仍处在孤立的摆放状态，与周遭区域存在相互脱节的现象，虽符合了环境的需求，但是雕塑本身的在地性和公共性表现不足。公共艺术的公共性不仅仅是免费或开放，更是哈贝马斯理论下的公共领域问题，公共领域涉及的是民主问题、诉求问题和权利问题。要让地域人们在公共领域的权利得以实现，公共艺术是一个重要的建设途径。当今公共空间里建设的诸如雕塑、壁画、建筑物等，除了传达一定的信息以外，也满足了公共诉求和精神意图。

　　《汉武雄风》以思想性和艺术性承载了西北地区的文化价值与历史记忆，如果说戈壁上恬静的孩童表现的是对生命的哲思，那么帝王的凝视则是时代年轮下对历史的回望和朝圣，这种气魄传达着民众的认同感与自豪感，在塑造区域品格方面发挥着重要作用，不仅推动了荒野艺术计划的进程，还促进着区域的综合发展。

结语：

　　如果说公共艺术体现着某一地域的文化特征和精神内核，那么在与地域融合的这个过程中，如何将艺术结合当地的风土人情、历史进程，形成能够代表区域文化的"名片"，并持续地增加这种文化记忆的认同感，是今天国内外从事公共艺术创作的艺术家们所共同面临和思考的重要问题。公共性雕塑与其所在空间产生的场域性直接影响了作品带来的冲击力和表现力，可以说"区域为雕塑之基础，雕塑为区域之代表。"

公共艺术与区域发展是一个相互的过程。公共艺术的实现依赖于地域发展的条件和规划，地域的发展则为公共艺术提供了活力，进而为其所在地域的发展提供文化附加值。随着董书兵"荒野艺术计划"的展开，雕塑的周边生态也变得热闹起来，水果摊、便利店等配套设施相继出现，曾经的简易小路被修整成了宽阔的柏油马路，政府为了方便游客参观也修建了停车场和观景台。曾经略显单调的瓜州榆林大道两侧如今已经带给路人不同往日的体验和思绪，人们的驻足停留不仅使这些艺术品被越来越多的人知晓，在这个过程中也盘活了区域的经济发展。在网络信息传播迅速的现代社会，越来越多的人们选择不远万里来亲身一睹雕塑现场带来的震撼，不仅对艺术家来说是值得欣慰的，对于当地的发展来说更是一件幸事。

参考文献：

[1] 董书兵.大地之子.董书兵作品 [M].长春：吉林美术出版社，2019.

[2] 刘范利，常伟.大型公共艺术《无界》：戈壁上的"海市蜃楼"[J].雕塑，2019（2）：48-51.

[3] 宗白华.美学散步 [M].上海：上海人民出版社，1982.

[4] 张晓凌.终极之地的幻象：读赵萌的《方舟》系列雕塑 [N].中国美术报，2019.

[5] 陈艳红.城市公共艺术在区域经济发展中的重要性 [J].中阿科技论坛（中英文），2021（3）：7-9.

[6] 孙振华.瓜州与《大地之子》[J].艺术工作，2021（6）：22-25.

[7] 赵萌.赵萌公共艺术作品选 [J].装饰，2019（8）：2.

[8] 景育民.戈壁上隆起的生命之丘：董书兵的大地公共艺术实践 [J].雕塑，2017（6）：46-49.

[9] 董书兵.董书兵作品选登 [J].云南艺术学院学报，020（4）：130-131.

以雕塑文化建设助力城市发展：
长春世界雕塑园发展回溯与展望

长春世界雕塑园

　　长春世界雕塑园，位于吉林省长春市核心区，占地面积 92 公顷，其中水域面积 11.8 公顷，是集自然山水与人文景观于一体的现代城市雕塑主题景区。自 2003 年 9 月 5 日正式对外开放以来，长春世界雕塑园以建设世界级雕塑艺术殿堂为目标，以"友谊、和平、春天"为主题，共收藏了来自 216 个国家和地区艺术家的 100040 件（组）艺术作品。2019 年，长春世界雕塑公园更名为长春世界雕塑园。

　　《长春市国民经济和社会发展第十四个五年规划和 2035 年远景目标纲要》中指出，努力建成"五个现代化长春"，即创新引领、协调发展、绿色宜居、开放包容、和谐共享的现代化长春；创建东北亚开放合作中心枢纽城市、国家美好生活城市；加快建设全国领先的教育城、科技城、文化城，打造新时代文化高地和区域性公共服务高地。雕塑文化都将成为城市建设中不可或缺的重要角色（图 1）。

一、创建篇

　　回首长春世界雕塑园的建设，要追溯到当时宋春华担任市长期间。他提出了"发展城市雕塑文化"的创意，要科学规划城市发展蓝图，通过一系列成功的实践，才成就了长春雕塑文化今日的辉煌。

　　1995 年 8 月至 1997 年 12 月，宋春华从建设部房地产业司司长、总规划师的职位调至长春市任市长。他经过调研后认为，长春市在城市风貌和形象上有自己的特色——疏朗、通透、大气；在生态环境上有自己的优势——天蓝、水清、绿浓；在人文精神取向上有自己的特质——淳朴、热情、包容；且素以汽车城、科技城、电影城著称。但长春又是一个年轻的城市，文化底蕴不深。如何增强城市软实力，构建新的城市文化品牌，是他首先关注的问题。

　　1996 年，他结合长春的实际，从战略性、科学性、前瞻性出发，组织完成了《长春市新

图1　长春世界雕塑园秋景航拍

一轮城市总体规划》的修编工作，进一步明确了城市性质，确定了"双心两翼多组团"的城市发展格局，将城市雕塑作为城市文化发展战略的重要组成部分而纳入总体规划，首次提出发展城市雕塑文化的构想，着意增强城市综合实力。在对长春市的市情、市貌进行梳理和分析之后，宋春华请来了全国著名的规划家、建筑师、雕塑家到长春进行考察、咨询、论证。1996年，确定将地质宫广场（今文化广场）作为城市中心广场进行规划改造，并在此进行城市雕塑的建设。

　　长春要建设雕塑园的动意，恰恰肇始于1996年研究文化广场雕塑方案时，国家城雕委代主任王克庆与著名雕塑家曹春生、司徒兆光向市政府主要领导的建议——长春市应该从1997年开始连续举办三届国际雕塑作品邀请展，争取建成100件雕塑作品，并选址建设一所雕塑公园，待2000年钟声响起时开园，会起到很大的轰动效应。

　　经过多方征询意见，反复调查研究论证，结合长春要大力推动城市雕塑建设的实际需求，市委、市政府动议建设雕塑公园。在1997年末拟定草案，准备从城市规划中位于人民大街南部东侧待建森林公园的约300公顷土地中，拨出一部分建设雕塑公园。长春世界雕塑公园选址确定在人民大街南部东侧，这里地势平坦，地块中央有天然水库，自然地形起伏变化，景色秀丽，环境优美，是修建雕塑园的理想地址，便于大大小小的雕塑作品与地形结合，达到一种自然与艺术完美融合、既是雕塑园又是绿色公共空间的效果。

　　1998年初，全国城雕委代主任王克庆和老雕塑家潘鹤、程允贤、叶毓山、曹春生及有关领导到现场考察，登高远望，对所在环境及建设意图表示肯定。这进一步增强了长春市主要领导建设国际雕塑园的想法。

　　1999年，"关于城市雕塑建设问题的汇报会议"上决定将筹建中的雕塑公园正式定名为"长春世界雕塑公园"，并对筹建工作做了部署。

　　2000年4月，由深圳华艺设计顾问有限公司规划设计、总面积为92公顷的长春世界雕塑公园方案形成，开始动工建设。

　　为了更好地体现长春世界雕塑园的主题，建园之初就议定要建一座高水准的主题雕塑，使之成为园内的标志性雕塑。经反复研究，决定邀请潘鹤、王克庆、程允贤、叶毓山、曹春生五位著名雕塑家，各出一个设计方案。2002 年春天，各级领导及有关专家对五位雕塑家的五个方案进行讨论评议，通过无记名投票的方式，最后确定叶毓山的"友谊·和平·春天"方案为长春世界雕塑公园的主体雕塑，并决定由五位雕塑家共同创作完成。

　　为使这件作品能代表当今国内雕塑的顶尖水平，从设计到成稿，从成稿到制作，已到北京任建设部副部长的宋春华二临长春、三赴成都，助力雕塑家们完实施主雕创作，体现出为创作时代精品的执着和对长春的深情与厚爱。

图 2　主雕作者合影

　　《友谊·和平·春天》由主碑、基座、五组人物像、五组动植物浮雕共同组成，主碑高 29.5 米，由 164 块花岗石拼合而成（图 2）。主碑以三位少女为中心，分别手捧橄榄枝、和平鸽、鲜花，代表了友谊、和平、春天。雕像基座为花朵造型，喷泉叠水从花心向花瓣放射流出，周围的五组铸铜人物和汉白玉浮雕代表着五大洲的人们和民族风情。整体形成群星捧月，气势恢弘。这组雕塑表达了全世界人们高举和平旗帜，劲奏友谊强音，喜迎美好春天的强烈愿望。整座雕塑浑然一体，雕刻精美，具有强烈的艺术感召力，准确地诠释了园内的主题，园内五大洲的雕塑作品风格各异，材质不同却都诠释了"友谊、和平、春天"的人类共同的美好愿望。该作品荣获了第三届全国城市雕塑建设成就展的优秀作品奖，成为当之无愧的镇园之作。

　　世雕园最初规划时就确定，园内要有美术馆或艺术馆，议定辟建专业的"长春雕塑艺术馆"。2002 年岁尾，宋春华、王克庆及杜学芳、李述、祝业精等领导、专家提出，雕塑已成为长春通向世界的名片，正在建设的世界雕塑公园、雕塑艺术馆质量要好，水平要高，要成为国内第一、世界最好。长春这座城市要因雕塑而兴旺，因雕塑而扬名，让雕塑成为留给后人的取之不尽、用之不竭的宝贵财富。

　　2003 年，长春世界雕塑公园、长春雕塑艺术馆的建设进入高潮。市政府决定举全市各城区之力，相互协助，共同奋战。历时 6 年，在同年的 9 月初，长春世界雕塑公园建成，长春雕塑艺术馆建成，主题雕塑"友谊·和平·春天"竖起来，旅居坦桑尼亚的华侨李松山、韩蓉夫妇捐赠的 500 余件非洲"马孔德"木雕珍品也落户长春雕塑艺术馆，使得该馆成为亚洲规模最大的非洲"马孔德"木雕馆。

图3　第一届中国长春国际雕塑大会开幕式

　　2003年9月初，长春世界雕塑公园、长春雕塑艺术馆、主题雕塑、马孔德木雕博物馆等一展华容，迎接四海宾朋。首届长春国际雕塑大会亦在园内隆重开幕，中外雕塑艺术家及嘉宾游客近20万人目睹了盛况，对园内胜景交口称赞（图3）。

　　长春世界雕塑园根据自然地形起伏变化，整体规划采用了中国传统造园技艺与西方造园学说和现代规划理念相结合的构思，以雕塑为主题，以湖面为中心，以山水为骨架，以绿化为背景，以道路为纽带，达到了自然环境与人文景观的和谐统一，凸显了天人合一的深邃意境。

　　正门和主入口设计为宽广笔直的人民大街，南、北、东三个次入口分别与城市交通环境和人流导向相对应。进入正门，是开阔的园内门前广场，广场的南北两侧是两道高大的弧形引导墙，沿中轴线对称分布，张弛有度，动感强烈，似巨人伸开两条臂膀，欢迎五湖四海的宾朋。

　　从正门入口走向长春世界雕塑园深处，命名为"罗丹""友谊""春天""和平""米开朗琪罗"五个不对称的景观广场以巧妙的轴线转折相通相连，从西到东把整个长春世界雕塑园一线贯穿起来。主题雕塑《友谊·和平·春天》所在的春天广场坐落在长春世界雕塑园的东北高坡上，通过跨湖平桥与主入口的罗丹广场遥相对应。长春世界雕塑园内五洲路（主环路）和神州路（沿湖路）似两条玉带，环绕着碧波粼粼的湖水，又与园中曲径通幽的知美路、芳菲路、悠然路、开渠路等10余条游览路径互相交叉连接。由此。环状的交通路线与湖畔广场上的景观墙构成了动与静、直与曲的韵律之美。

　　此外，长春世界雕塑园内广植北方木本植物110多个品种，达15万多棵，草坪地被植物达60万平方米。让同一件雕塑在不同的季节里，呈现出不同的景致、不同的风姿。长春世界雕塑园开放10多年来，环境日渐臻美，生态日渐和谐，吸引了天鹅等动物在此栖息安家，使得生态与文化相融一体。

　　自 2007 年伊始，长春市政府有关领导从法国罗丹博物馆先后引进了世界著名雕塑大师罗丹《思想者》《青铜时代》《巴尔扎克》《加莱义民》《行走的人》五件代表作品，进一步提升了长春世界雕塑园的藏品水平。

二、成效篇

　　历经多年发展，长春世界雕塑园现拥有长春雕塑博物馆、长春雕塑艺术馆、松山韩蓉非洲艺术收藏博物馆、魏小明艺术馆、殷小烽雕塑艺术馆、雕塑体验馆、沙俄领事馆旧址等 7 座主题展馆，荟萃了世界 216 个国家和地区的 10040 件各类艺术珍品，无论是展馆的数量和质量，还是藏品的规模和品质，在中国都堪称首屈一指，在全球的雕塑公园中也是独一无二的。

　　长春雕塑艺术馆，位于长春世界雕塑园西南角，于 2003 年 9 月 6 日对外开放，建筑面积 12500 平方米，由国家建筑设计师陈世民设计。该馆依坡地而建，采取了优美的曲线与直线相结合的独特造型，本身就是一尊巨大的现代雕塑艺术品，与馆内陈列的雕塑精品相得益彰。馆内设有展厅、报告厅、多功能厅及会议室、创作室等，可满足展览、交流、创作等多层次需要。展藏作品 400 余件，还建有"彭祖述艺术馆""3D 艺术体验馆"。彭祖述艺术馆收藏了工艺美术大师彭祖述捐赠的微雕作品《石头记》及大量手稿；3D 艺术体验馆引进国内先进的 3D 打印和内雕设备和技术，将雕塑艺术和高科技完美融合，进行个性化的三维实体模型、3D 人像的扫描制作。目前，长春雕塑艺术馆已经成为举办国际、国内雕塑及其他艺术展活动的重要场所（图 4）。

图 4　长春雕塑艺术馆中厅

图 5 松山韩蓉非洲艺术收藏博物馆内景

松山韩蓉非洲艺术收藏博物馆，位于长春世界雕塑园东北角，以旅居坦桑尼亚的长春籍华侨企业家李松山及夫人韩蓉的名字命名，以表彰他们向长春市捐赠非洲艺术品的义举。该馆建筑面积5640平方米，由中国工程院院士、著名建筑师何镜堂设计，于2011年9月1日对外开放。馆内设有"艺术非洲""魅力非洲""黑色非洲"三大展厅，收藏了来自坦桑尼亚、莫桑比克、马拉维、赞比亚等非洲东南部国家的8000余件雕刻和绘画等艺术精品，较为完整地记录了近50年来非洲东部现代艺术的发展进程，是我国非洲马孔德木雕艺术的集结地，也是目前世界收藏坦桑尼亚马孔德木雕数量最多、品种最全、艺术水平最高的艺术收藏博物馆（图5）。

魏小明艺术馆，位于长春世界雕塑园西北角，于2016年10月正式对外开放，建筑面积3500平方米，由雕塑展厅、绘画手稿陈列室、艺术家工作室、阳光房、艺术沙龙及雕塑花园等部分组成。馆中展出魏小明的雕塑作品232件，版画、插图、水彩、素描、油画及设计手稿178件，是目前国内外收藏魏小明作品最全的专门艺术馆（图6）。

长春雕塑博物馆，位于长春世界雕塑园东南角，2017年9月正式对外开放，总建筑面积为18860平方米，由中国建筑学家、工程院院士程泰宁设计。场馆造型设计别具匠心，如同巨石破土而出，形态厚重，极具雕塑感。设计理念为"经天纬地、雕刻时光"，整体以纵横的两条时光长廊为构架，其中南北方向的长廊与主题雕塑形成对位关系；东西方向的长廊连接门厅、中央大厅、展厅以及办公空间。采用简约的环境、素雅的背景、更好地衬托雕塑作品的美

图 6　魏小明艺术馆外观　　　　　　　　　　　　　图 7　长春雕塑博物馆

感，荣获了 2017 年度"沈、哈、长三市优质观摩工程"金奖（图 7）。

　　馆内设有"长春城市雕塑建设纪实展厅""王克庆雕塑艺术博物馆""曹春生雕塑艺术馆""希腊雕塑艺术馆""馆藏精品展厅"等 8 个展厅，展陈国内雕塑名家曹春生、王克庆作品，从希腊引进的包括维纳斯在内的 38 件古希腊经典雕塑等作品，让游客可欣赏不同时期、不同地域的名家名作。此外还设有多功能厅、报告厅、会议室、阅览室等功能区域，满足艺术品收藏、展陈陈列、学术研究传播等多种需要。

　　雕塑体验馆，位于长春世界雕塑园风光旖旎的串湖南侧，于 2017 年 8 月正式对外开放，该馆建筑依据地形设计前高后低，游客可从南侧楼梯到达屋面观景平台，凭栏俯视沙雕展区及其周边全景。该馆占地面积 1700 平方米，建筑面积 492.9 平方米，沙雕场地 1200 余平方米，引进适合沙雕制作的内蒙古科尔沁硅砂供沙雕艺术创作及儿童玩耍。该馆设有创作体验室，让游客进行绘画、泥塑、陶艺等方面的制作体验，亲身感受艺术魅力。

　　殷小烽雕塑艺术馆，位于长春雕塑艺术馆 B 座，室内建筑为 1200 平方米，室外展厅为 2200 平方米，展出殷小烽雕塑、水彩、综合材料绘画、素描作品 2745 件，其中雕塑作品 945 件，纸本作品 1800 件，包括艺术家代表作《关东魂》《行者》《嬷嬷人》系列等，所有作品均是无偿捐赠给长春市政府的。该馆拟于 2022 年上半年面向公众开放，将成为国内外收藏这位长春本土走出的艺术家——殷小烽作品最全的艺术馆。

　　沙俄领事馆旧址坐落在宽城区长通路 12-6 号，占地面积 6773.2 平方米，建有地上二层，地下一层，总建筑面积 1581.67 平方米，建成于 1914 年，已有百年历史。1920 年 9 月后，曾被多个部门使用。伪满时期，曾作为最高法院。中华人民共和国成立后，被改造成为市橡胶八厂的职工宿舍。作为长春为数不多的百年建筑，领事馆具有特殊的技术、历史与文化价值，是目前长春唯一存留下来的"使馆建筑"，是长春历史上第一个水泥砂浆抹面的建筑，其工字形钢轨与砖拱结合的楼板形式在长春近代建筑中独树一帜。1994 年，被定为市级文物保护单位；2010 年初，由市政府出资进行复原修缮；2011 年底修复竣工，基本恢复其历史风貌。

　　1996 年，开展城市雕塑建设成为长春市的一个重要文化决策。经中华人民共和国文化部批准，从 1997 年开始，长春市人民政府与全国城市雕塑建设指导委员会合作，每年举行一届长春国际雕塑作品邀请展，至今已经成功举办了二十一届。其间还举办了五届中国长春世界（国际）雕塑大会，并成为两届全国美展的雕塑展区。在长春市政府的全力支持下和几百位中外艺术家的倾心打造下，雕塑艺术已经成为长春一张响亮的"城市名片"。

一晃 20 余载过去了，从第一届长春国际雕塑作品邀请展至今，在长春市政府的大力投入与扶持下，长春市的城市雕塑建设发生了日新月异的变化。国际雕塑盛事的连续举办，得到了国内外雕塑界人士的称赞，印证了长春市政府近 20 年努力的成果。长春市城市雕塑事业的蒸蒸日上，不仅体现在国际雕塑会议、高峰论坛、学术展览上，也体现在整个长春市的城市建设面貌上。现在，长春市不仅是著名的"汽车城""电影城"，更是举世瞩目的"雕塑城"。每年一届的长春国际雕塑作品邀请展、每三年一届的长春世界雕塑大会、每年至少一届的高学术水准的国家级雕塑展览……春城因雕塑艺术而生辉，长春世界雕塑园也成为承载无数雕塑盛事的舞台。

在雕塑园中，除了中国第一代、第二代雕塑名家之作，也收藏了数量可观的五零、六零后的雕塑界领军人物吴为山、曾成钢、陈云岗等人的代表作品，如《孔子》《莲》等。他们的精品佳作体现了雕塑园的藏品足以与国外雕塑家对话的艺术水准，也体现了这群有社会担当的艺术家们对于长春雕塑文化建设的无私支持（图8、图9）。

长春世界雕塑园已成为长春市乃至吉林省新的文化符号，也成为国际和国内重要的雕塑艺术交流园地，成为国内著名的美术院校、雕塑机构开展雕塑研究和教学的实践基地，并同国际知名的雕塑机构、雕塑公园和高等学府开展了广泛的交流活动，受到广泛的赞誉和认可。2004 年就被评为国家 AAAA 级旅游景区，2017 晋升为国家 AAAAA 级旅游景区；2007 年入选首批二十家"国家重点公园"；2009 年荣获"新中国城市雕塑建设成就奖"中唯一的一个雕塑公园成就奖；2014 年成为首批"创造未来文化遗产"示范单位；2021 年荣获国家级文明旅游示范单位；年接待游客 100 余万人次。

长春世界雕塑园举行了近百场高水准、高级别的国际、国内学术展览及会议，包括长春国际雕塑作品邀请展，第十届、十一届全国美展（中国美术界最权威、规模最大的顶级展览）雕塑展、奥运雕塑作品国际巡回展等，还成功召开了五届中国长春世界（国际）雕塑大会，世界

图 8 孔子

图 9 接力者

上一百多个国家和地区的雕塑家、文化官员、驻中国使领馆官员等前来参会，被中央电视台称为"长春世界雕塑大会是世界雕塑界的奥林匹克"。

2014 年长春世界雕塑园发起成立了"雕塑园（馆）国际联盟"，2017 年发起成立了"长春雕塑联盟"，极大提升了长春雕塑在国内外的影响力和知名度。十几年来，国内外的诸多政要和驻华使领馆官员都来过雕塑园考察调研，并给予了高度评价。

拥有了优异的城市雕塑建设成果，长春世界雕塑园更加注重普及城市雕塑文化宣传的力度，持续加大雕塑文化惠民的广度和深度，从 2007 年起，由长春市委宣传部、长春市规划局等单位组织了"万人看雕塑"的大型公益文化活动，在雕塑园举办各种高水准雕塑展览期间，组织长春市民开展"长春人看长春世界雕塑园"的万人或者是几万人参与的活动，让市民参观、了解雕塑园，以扩大雕塑园艺术教育的普及性。此举措可谓国内首屈一指，大大提高了市民对参观雕塑园的热情。近几年来，免费参观雕塑园的市民人数已达数十万，惠及环卫工人、军人、残疾人、困难家庭等 20 多个群体，100 多万人次。这一系列举措极大程度地提高了长春市民对于雕塑艺术的了解与喜爱，并进一步增强了对自己城市雕塑文化的认知度与自豪感。

此外，长春世界雕塑园积极参与雕塑精品联展活动，在城市公共空间展出了大批长春世界雕塑园雕塑精品；通过举办中小学生研学、陶艺、绘画、泥塑教学，讲雕塑故事，消夏艺术节，冰雪新乐园活动，酷衣秀等主题活动和利用长春世界雕塑园的 3D 艺术体验馆开发 3D 纪念品及相关雕塑旅游产品百余种，提升了游客旅游体验，推动了雕塑文化普及，提高了城市雕塑人口比例。经过多年建设管理，长春世界雕塑园已经成为长春市的金色名片和世界知名的雕塑艺术殿堂和文旅融合胜地（图 10）。

图 10　儿童看雕塑主题活动

发展雕塑艺术事业、建立城市雕塑文化、拓展国际雕塑事业、举办国际雕塑盛事，并大力提升市民对于雕塑文化的认识，这一系列环环相扣的举措，显示出长春市政府在发展雕塑事业上的远见卓识及英明举措。长春雕塑取得了丰硕的成果，得益于宋春华的科学创意和雕塑家高超的艺术创作。17年的实践，走出了一条独具特色的发展道路，形成了以雕塑展为平台，以长春世界雕塑园为窗口的政府引导、专家领衔、大众参与、管理科学的模式。长春市城市雕塑发展的成功案例，已经被其他兄弟城市称为"长春模式"，并口口相传。如今，国内其他城市也相继建立起雕塑园，并纷纷借鉴长春市政府所创立的城市雕塑文化建设模式，开展自己的城市雕塑文化建设。在诸多城市主办的国际雕塑邀请展上，已然成熟的"长春模式"大放异彩，成为后来者竞相效仿的对象。然而，"长春模式"的形成，绝非一朝一夕，它是一个漫长的过程。经过长春市政府几届领导班子坚持不懈的资金投入及人力物力各方面的大力扶持，经过无数秉持永不放弃精神的城市雕塑建设者们的不断努力，才有了今天欣欣向荣的长春市城市文化建设风貌。

三、未来篇

1. 一个目标——世界级雕塑艺术殿堂

作为雕塑艺术主题景区，长春世界雕塑园将以雕塑文化、高雅休闲、差异化发展为特色，把中高层文化的游客作为主要受众人群，依托雕塑艺术资源，打造文化旅游品牌，开发特色活动项目，创建集雕塑创作、展会举办、作品集散、艺术交流与文化研究于一身，具有国际影响力的世界级雕塑艺术殿堂。

2. 两个方向——旅游方向和博物馆方向

雕塑园的发展在讲求经济效益的同时，更要注重社会效益，未来将沿着旅游和博物馆两大方向，持续推动新时代文旅融合的深度发展。

3. 四个中心——教研、交流、流通、休闲四大中心

为实现创建世界级雕塑艺术殿堂的宏伟目标，雕塑园将统一规划设计，补齐旅游和博物馆短板；充分研讨论证，增加文化和旅游功能；借鉴成功经验，创新发展模式，打造教研、交流、流通、休闲四大中心。

（1）打造雕塑收藏展览教研中心

通过晋升国家三级博物馆，成立"长春世界雕塑博物院"，增强雕塑学术研究功能，完善作品收藏展览体系，强化继续教育雕塑艺术课堂，建设雕塑研究、创作、展示、教学、维修工作室，进而普及雕塑文化、传播雕塑知识、培养雕塑人才，增强雕塑园学术研究和教育培训功能。

（2）打造雕塑艺术传播文化交流中心

通过开展"世界文化遗产"的申报工作，发展雕塑园（馆）国际联盟，加强"长春雕塑联盟"建设，开展主题宣传活动，进而加强国际合作，扩大人员交流，增强雕塑园的艺术交流和文化传播功能。

（3）打造雕塑作品衍生品创作流通中心

通过构建雕塑交易平台，打开作品流通渠道，开发中高端雕塑衍生品、纪念品，进而形成艺术品及衍生品的集散地，增强雕塑园作品的流通和衍生品开发功能，从雕塑产业建设的角度推进长春现代文化产业体系的构建。

（4）打造高雅休闲中心

通过扩容空间，修建生态游步道，完善园区亮化，加大彩化绿化投入，打造高雅休闲空间，开发具有雕塑文化特色的冰雪和消夏项目，成为城市会客厅，进而改善景观质量、提升服务水平，增强雕塑园旅游服务和会议接待功能，完善公共文化服务体系、推动文旅融合发展。

多少年来，正是得益于市政府高瞻远瞩的文化战略眼光，雕塑艺术在春城生根、发芽、开花、结果。体现了政府对文化的尊重，对艺术的尊重，让雕塑与长春人民结缘，使城市雕塑这种公共艺术形式真正在长春体现了为公共而生的意义。政府通过雕塑艺术打开了一扇门，让全世界二百多个国家的艺术家作品落户长春世界雕塑园，让来自世界各地的艺术精英聚首长春，在文化的碰撞和共享中相识相知；让200多个国家的艺术家和这些国家的人民得以了解中国长春，也让春城人民不走出国门就能领略到外国的艺术和文化，将长春的世界（国际）雕塑大会打造成了名副其实的"艺术的奥林匹克"。

塑长春雕塑之城，传雕塑文化之美。长春正以更加开放、更加包容的姿态面向世界，雕塑作为承载人类命运共同体的一个重要文化载体，逐步成为长春审美情怀、开放气度和人文精神的视觉媒介，成为承载长春文化、展示城市文化风貌的特色"窗口"。长春世界雕塑园将以雕塑艺术为载体，对标高位，着眼长远，持续加大雕塑文化惠民的广度和深度，积极推动雕塑文化普及，厚植城市精神，以更多有思想、有价值、有温度、有品位的雕塑作品和高水平的学术活动、公共活动，以文化引领、艺术参与，构建长春独有的人文特色和空间品质，使之成为激活城市精神、共享城市记忆的公共氧吧，助力吉林全面振兴、全方位振兴，推动城市功能、形象、品位和人居环境的全面提升。

公共艺术在区域发展中的未来可能性

文　山 / 河北美术学院雕塑院教授

公共艺术被视为城乡公共空间的点睛之物，彰显着城乡的文化风貌和精神品格，是区域发展成果和水平的重要象征之一。近四十年以来，中国的公共艺术在较短的时间里经历了快速发展时期，出现了不少有代表性的经典之作。公共艺术的独特魅力就在于，它极大地改变着城乡公共空间的品质与活力，对区域的经济、文化发展起着不可替代的助推作用，同时也潜移默化地影响着民众的精神素养和审美心理。区域发展为公共艺术创造了实践的机遇，使艺术家的艺术追求得以实现。当下，随着区域经济社会和文化发展，公共艺术得到了更广阔的发展空间和更多的创新可能性。

一、城乡一体化的区域发展为公共艺术开拓新空间

理论界在研究公共艺术时，往往会把它和市民、城市、城市化、城市文化、城市雕塑这些概念联系在一起，认为："公共艺术自其诞生之初就与城市文化之间存在着天然的联系。公共艺术是一种以人为本，利用城市内的公共空间，通过对城市空间结构、造型以及空间的重新设计，来表达的一种面向所有市民公众的文化艺术，因此，公共艺术的本质是社会性的，其发展必须要以特定的物质环境以及社会环境作为必要的基础"。这样定义公共艺术符合历史逻辑，也符合既有的学术规范。但是，在事实上我们看到，随着经济社会的发展，特别是城乡一体化发展进程的加快，公共艺术早已经不仅仅是城市独有的文化现象，公共艺术的表达展示空间，由既往的以城市为主，逐渐向乡村更广阔的空间延展。公共艺术呈现去中心化的趋势，从国际大都市、一线城市发展到中小城市，甚至向乡村扩展（图1），乡村成为公共艺术一个新的增长点。越来越多的在地艺术介入乡村项目，不断出现在乡村视野中。如果我们还是囿于既有的理论视野，把公共艺术仅定义为"城市的公共艺术"，显然是与公共艺术的发展现状是不相符的，也不符合公共艺术未来的发展趋势（图2）。

图 1　《浮梁共生之家》，真壁陆二（图片来源：艺术　　图 2　"石节子"美术馆
在浮梁）

　　因此，我们不能仅在城市文化的范畴下去研究阐释公共艺术，而应该从更广阔的视野去观察公共艺术的过去、当下和未来，宏观地观察公共艺术发展历程的全貌。从经济社会的发展、城乡一体化进程对公共文化的影响，从公共艺术自身的规律性去研究。这个更广泛的视野，就是立足于区域发展即城乡一体化的发展，去探讨公共艺术及其未来的可能性。

　　经过近四十年的发展，中国公共艺术取得了空前的成就，但也存在着亟待解决的问题。毋庸讳言，中国的区域发展在城市与乡村之间是不均衡的，公共艺术的发展在城乡之间也是不均衡的，与城市公共艺术相比，乡村整体发展滞后。学者孙振华观察到："从乡村公共艺术的角度看，它的发展显然要晚得多，目前它还停留在比较理想主义的阶段，大量艺术家，学生到乡村做公共艺术是非市场化的，是义务的，这固然很好，但这种热情能够持续多久？是一个问题。"[2]近年，在国家着力推进城乡一体化，统筹城乡均衡发展，实施乡村振兴战略的政策背景下，区域发展中的城乡发展失衡问题，得到了一定程度的解决。公共艺术也必然从城市走向乡村，文化艺术领域的城乡鸿沟将逐步得到弥合，公共艺术在城市与乡村的均衡发展，已不再是遥不可及的梦想。

　　未来的区域发展的步伐加快，城市改造与乡村振兴战略的实施，美丽乡村建设的积极推进，在加强历史文化名城名镇名村、历史文化街区、名人故居保护、中国传统村落保护工程，传统民居、历史建筑、革命文化纪念地、农业遗产、工业遗产保护工作，都将给公共艺术带来新的机遇和更多的可能性。

二、国家文化发展战略的实施和旅游业的勃兴，为公共艺术创造新机遇

　　国家文化战略的重大举措，将改变区域文化版图，为公共艺术带来历史机遇。目前，我国正处于"两个一百年"奋斗目标的重大历史交汇期，文运与国运相牵，文脉同国脉相连。国家文化发展战略对公共艺术影响大的事件，应是建设国家文化公园的重大举措出台。国家"十四五"

规划中，明确提出"建设长城、大运河、长征、黄河等国家文化公园"（图3）。将国土的文化空间规划与文化传承发展紧密联系起来，对国家文化公园的建设做了全面布局（图4）。这是践行文化强国战略，树立中华文化符号和中华民族形象的重要举措。国家文化公园是承载着

图3　雪后长城

图4　大运河文化公园北京段部分规划图

中华文化内涵的公共文化载体，是国家的象征，再现了中华民族千百年来生生不息的精神根脉。国家文化公园必将成为我们民族内部的文化基础与情感纽带，将中华民族更加紧密地凝聚为文化共同体和命运共同体。

国家文化公园的宏大构想，涵盖辐射了国土的大部分地理空间，勾连历史上胡与汉、农耕与游牧两大文明区块，融合不同的地域文化、民族文化，将突破既有的区域文化发展格局，整合各区域文化资源，打造整体代表国家形象、体现时代精神、突出地域文化特征、展示民族文化特色的新的国家文化符号。

国家文化公园建设要求公共艺术家们赓续华夏源流和中华文脉，传承历史文化底蕴，创造具有中国特色、中国风格、中国气派的公共艺术。要求公共艺术在创作理念、艺术表型形式、艺术创作手法上实现全面的创新与突破，打造无愧于时代、无愧于国家民族的优秀公共艺术作品和项目。

国家文化公园的宏大规划，势必促进旅游业的大发展。与文化艺术紧密结合的文化旅游，将在国家文化公园建设的历史机遇中获得勃勃生机，在区域发展中发挥更大的作用。目前，公共艺术介入文化旅游，助力区域经济社会发展，已经形成了不同的模式，产生了不少有影响力的案例。这些公共艺术项目，有些是由国家和地方政府主导，以主题纪念性雕塑为主体大型纪念碑雕塑，如北京中国共产党历史展览馆西侧广场名为《旗帜》的主题雕塑；有些是美化城市公共空间的大型公共艺术项目，如位于河北廊坊的《临空之门》；有些是专业社团机构联袂地方政府，共同打造的公共艺术文化园区，如民勤沙漠雕塑公园；有的是艺术家以个人之力，创作实施的大型公共艺术，如艺术家董书兵在甘肃瓜州做的《大地之子》；有些是企业打造的文化旅游综合体，如广州长隆度假区，它们给公共艺术带来了空前的发展机遇。这些公共艺术作品和项目的成功实施，对推动文化旅游助力区域发展，起到了独特的不可替代的作用。可以预见，随着国家文化公园建设的推进，将给公共艺术造就更广阔的发展空间和艺术实践机遇。

三、数字化时代给公共艺术提供了新的可能性

数字化时代是指信息领域的数字技术向人类生活各个领域，全面推进的过程。数字技术更是在不断发展完善，我们的生活也逐渐地被数字化，这就形成了我们的数字化时代。数字化对公共艺术的影响是全方位的，首先体现在技术层面对公共艺术产生影响，然后在观念上得以拓展，又在规划和运营研究中得以应用。

近年来，数字技术发展带来了大数据这一概念，公共艺术领域的一些先行者，尝试将大数据技术引入艺术创作（图5）。艺术本是无法量化的，但是前期通过理性的数字分析，能使后期的艺术创作更具有说服力。在公共艺术设计的初期调研，艺术家可以利用大数据技术，对受众群体、交通、人流、场地特质等要素做定点的数据采集、分析和处理，分析得出全面的客观性资料，再在此基础上进行公共艺术项目做艺术提升，取得事半功倍的效果。

数字技术在公共艺术的创作层面，为艺术家提供了更为迅捷、准确的造型方式，并在声光电诸多方面开启了以前无法想象的公共艺术形式语言模式，拓展了公共艺术的形式语言边际。在公共艺术作品的制造领域，数字化技术已经解决了以前难以解决的问题，放大、缩小、扭曲、

图 5　数字雕塑作品，Adam Martinakis

镜像，以前的难题交给了数控技术，基本替代了传统的制造模式，达到了减少人工和物料消耗、精密化制造的目的。

数字技术使艺术家能更准确地掌握客观条件以及各方诉求，使公共艺术在设计中能更符合地区特性，满足用户需求。以往公共艺术的场地数据分析，是一项涉及许多复杂的客观因素的工作，现在已经可以通过从数字装备和技术获得场地地形，利用软件对采集的场地数据做逻辑性分析，艺术家在此基础上，趋利避害寻求最优的艺术化处理。

数字技术的应用推动了生活观念的改变，共享技术、人脸识别技术、无人驾驶这些以前不能想象的技术今天已经实现了。疫情暴发以来，数字技术的应用以前所未有的速度得以普及，我们对于日常生活是什么状态，也需要重新描述和定义。在形式语言上颠覆性成果的应用，使我们极大地扩展了审美上的认识，一是视觉审美经验的拓展，二是艺术价值的拓展。如公共艺术作品中借助大型 LED 屏幕可以构建带有动态图像的新型公共艺术作品，并受到数字技术为代表的高科技的影响，音乐喷泉、动态雕塑等新型公共艺术作品也日益发展起来。

数字化技术也应用到了公共艺术的规划、管理、研究诸多方面。在城乡发展规划方面，数字化技术应用使公共艺术的规划更加系统全面完善。通过数字技术的应用做支撑，对人与公共艺术的行为关系的认识更加具有科学性。此外，数字化技术也促进了公共艺术管理的有效性。诚然，数字技术并不能完全取代人的手工艺术创作的随机性，但是数字虚拟塑形技术的发展已经逐步在弥合这种差异，在未来的某一天，数字技术一定可以完全取代手工创作。在未来，公共艺术将在公共性、艺术性的特性上，增加科学性以及逻辑性，数字技术可以在公共艺术领域如何应用将成为一个全新的话题。

四、区域发展使公共艺术更多地介入社会生活领域

区域发展导致人们生活的多样化，与人类生活关系最密切的公共艺术也相应地变化，未来的发展将出现更多的可能性。未来的公共艺术的主题将更宽泛，弘扬民族化、本土化将结合国际化趋势逐渐融合演变；公共性将得到更多的重视，公众参与性、地域性、艺术启蒙性、娱乐性等特性得以更好地体现；公共艺术呈现展示的场域空间将更加多样，材料媒介也将更加丰富；公共艺术的表达方式、表现手法，从具象写实到抽象表现，再到今天的数字化艺术的出现，使公共艺术的呈现方式向多元化、情景化发展。这些趋势比较突出地呈现在以下几方面：

如 Luzinterruptus 是来自西班牙的匿名艺术家团体，他们利用光和影来提高人们对经常被

图6　关于塑料的艺术装置作品，卢兹（Luzinterruptus）

忽视的城市问题的认识。该艺术团体的成员来自不同的学科，并共同努力将他们不同的专长应用于一个集体项目中。他们于 2008 年开始工作，匿名展示和创造具有艺术潜力的公共区域艺术作品（图6）。

　　（1）顺应生态环保、绿色发展理念的公共艺术，将成为未来的主流与趋势

　　当下，"生态觉悟"已成为本世纪人类文明最深刻的觉悟之一。越来越多的公共艺术家深刻地认识到：随着全球变暖，冰川融化，地球资源日益枯竭，日益严峻地影响着人类赖以生存的环境。公共艺术作为与人类环境最为密切关系的艺术形式，对于改善这种现状有着不可替代的作用。有觉悟的艺术家秉持绿色环保理念，向民众发出热爱地球、珍惜环境的呼吁。他们将一些工业及生活废弃物，如废旧钢铁、轮胎、树枝稻草、塑料制品回收物等，作为主要的创作媒材。以奇绝的艺术构思，巧妙的艺术形式和丰富的表现手段，变废为宝，将最为司空见惯废弃材料转化为思想深刻、艺术价值不菲的公共艺术，给民众带来新的不同的惊艳。可以预见，未来将会有更多以绿色环保为主题，以公共艺术形式构筑的园区、景区出现，将会有更多的艺术家参与绿色环保主题的公共艺术创作活动（图7）。

　　（2）现代商业空间的营造给公共艺术更多的机会

　　"公共艺术的独特魅力就在于其极大地改变了城市空间的品质与活力，公共艺术在城市公共空间中扮演的角色不仅是物化的构筑体，它还是城市文化精神的催化剂"。

　　自20世纪90年代末以来，我国经济的迅猛发展，改变着传统的商业业态，民众的商业意识、消费理念及意识也在悄然变化。百货商场式的传统零售业已经悄然从人们的视野中淡出，代之以万达广场、太古里、侨福芳草地式的商业中心、城市步行街、高星级酒店、写字楼、公寓等，集购物、餐饮、文化、娱乐等多种功能于一体的大型商圈。它们代表的是一种人文风尚，这里的一切以人为核心，向民众传达着温情脉脉的人文关怀。让人在此除了购物、享受美食和自在玩乐外，还可以创造艺术和引领时尚，在这里，公共艺术涉及的范围逐渐向室内外公共空间延展，公众参与性、地域性、艺术启蒙性、娱乐性等特性得以展现。侨福芳草地、成都太古里等

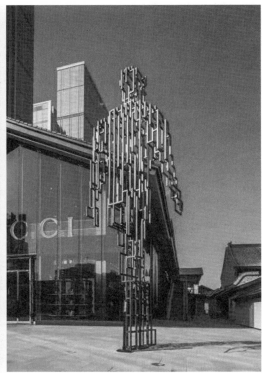

图 7　侨福芳草地购物中心，陈文令作品

商业空间中，安置了些长期性的公共艺术作品，企业投资打造公共艺术的目的，是以优秀的文化艺术成果普惠民众，公共艺术作品发挥着不可替代的精神层面作用。通过公共艺术品和商品相结合的新型艺术表达形式，既可以装饰商业空间，又可以帮助商品的促销，起到两全其美的作用。作品可以根据商业空间的经营项目作为创意主题，根据不同的商业需求调整公共艺术形式。目前各种形态的商业综合体的公共艺术，都是依据商品的定位和商业季的变化做出设计调整，定期更换主题公共艺术品，让民众感受独一无二的潮流体验，确保民众有足够的时尚感与新鲜感。

现代商业空间的变化，使公共艺术更多地介入商业空间，艺术激活了城市也点亮了生活。给了艺术家新的机遇，如何让公共艺术在视觉上更好看，在形式上更丰富、更有趣、更好玩，让民众乐于接受它们，这也是艺术家们面对的新挑战（图 8）。

（3）"艺术生活化、生活艺术化"理念，给公共艺术带来新的活力

随着经济社会的迅猛发展，人们的日常生活节奏日益加快，学习、工作的压力也随之加大。社会文化结构进入多样化时期，艺术审美也呈现多元化趋势，要求公共艺术更多地走向民众的日常生活。"艺术生活化、生活艺术化"理念，给公共艺术带来新的活力。公共艺术的表现形式也更加贴近生活，国际艺术领域波普化成为时尚潮流。这股潮流也波及影响到公共艺术，出

图8　《小狗》（左）与《气球狗》（右），杰夫·昆斯

现了许多波普化的公共艺术作品。这些作品破除常规的逻辑，通常运用日常生活用品，突出表现社会中的现象及人们不同的心理欲望等需求。通过其特有的夸张、怪诞、滑稽等表现手法，使之轻松地表现生活的点滴，表达大众的思想状态。这种形态上的拓展，有利于消解现代主义艺术精英与大众之间的距离，让公共艺术更加轻松、活泼、充满生活化情趣化，让民众从日常经过的街道、广场、社区的公共艺术作品中得到放松，情绪得到疏解与释放。

区域发展、社会进步、人类文明提升，人们对美好物质生活和精神世界的追求从未停息，公共艺术也将会在这些美好追求带来的新的可能性中不断升华，释放出更多美的能量。

图片索引

公共艺术与区域发展综述

千禧广场公共艺术，芝加哥新时代的开启

壁画之都费城：一个成功案例的分析报告

《风之梳》和圣·赛巴斯蒂安的城市复兴

在邦迪海滩邂逅陌生的风景： 悉尼海滩雕塑展的前世今生

从《开荒牛》到《深圳人的一天》： 公共艺术和深圳精神的塑造

衔接人、自然与社会的艺术精灵：洪世清岩雕创作及价值分析

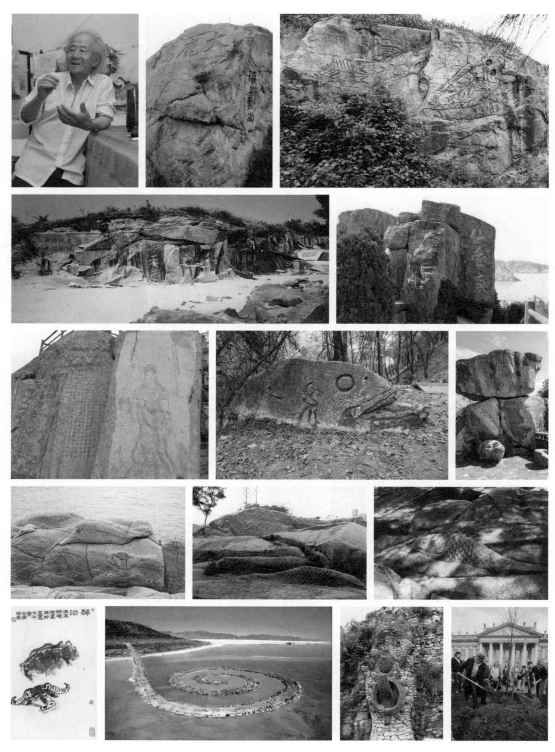

一个人的夜郎谷：艺术造园助力文化旅游的独特样本

终极的追问：新疆"大地艺术"创作谈

190

192

西北地区的公共艺术实践：董书兵的"荒野艺术计划"

以雕塑文化建设助力城市发展：长春世界雕塑园发展回溯与展望

公共艺术在区域发展中的未来可能性

后　记

公共艺术与区域发展间的关系，是值得研究探讨的问题。艺术家和学术界已经有研究者观察到了这个问题，并相应地发表过一些学术成果。但是，把公共艺术置于区域发展的背景下去系统地认识，目前尚有待更深入全面的研究成果面世。丛书编委会认为，有必要对这个既具有理论意义又具备实践指导意义的问题做较深入的研究。以案例研究的形式，剖析国际国内成功案例，对公共艺术与区域发展之间的相互关系及其对经济社会发展的影响，作一次较为系统的分析研究。

本书主题有两个关键词，一个是公共艺术，一个是区域发展。这是本书的核心内容和出发点。理论界既往的公共艺术研究，往往会把它和城市、城市文化乃至城市雕塑这些概念联系在一起，认为，公共艺术的空间范畴仅限于城市。但是，在事实上我们看到，随着经济社会的发展，特别是城乡一体化发展进程的加快，公共艺术早已不仅为城市所专美。公共艺术的表达展示空间，由既往的以城市为主，逐渐向乡村更广阔的空间延展。如果我们还是囿于既有的理论视野，把公共艺术仅定义为"城市的公共艺术"，显然是与公共艺术的发展现状是不相符的，也不符合公共艺术未来的发展趋势。因此，我们不能仅在城市文化的范畴下去研究阐释公共艺术，而应该从更广阔的视野去观察公共艺术的过去、当下和未来，宏观地观察公共艺术发展历程的全貌。从经济社会的发展、城乡一体化进程对公共文化的影响，从公共艺术自身的规律性去研究。这个更广泛的视野，就是立足于区域发展即城乡一体化的发展，去探讨公共艺术及其未来的可能性。

为此，我们选择了国内外公共艺术发展史上具有代表性意义的案例，编写了《公共艺术与区域发展：理论和案例》一书，从不同的角度

探讨公共艺术在不同区域环境下自身发展的路径及其在区域发展中
的作用。这些案例各自精彩，有的享誉国际成为传世经典；有的充
满传奇色彩独具魅力；有的作者自身就是案例的策划者践行者，他
们介绍的是珍贵的实践经验，更值得珍视的是它们都对区域发展起
到了各自的作用，这种作用无论大小，都助力了人类的文明与进步。

本书在编写过程中，得到了北方工业大学和中国建筑文化中心的指
导和支持，把坚持学术高度和广泛适应性作为成书原则。《公共艺
术与区域发展：理论和案例》诚挚秉持良好的学术态度，力争尽可
能完整占有相关课题的公共资料，期待通过比较全面的案例分析，
在学术方面能够形成一些有价值的观点，并对公共艺术实践有较好
指导意义。本书由多人撰稿，保留了作者各自的写作风格，我们在
统稿时，没有刻意地去一统文风，这也许是避免千文一面而引起审
美疲劳的一种方法吧。

李吉祥　文　山

2022 年 1 月 20 日

图书在版编目（CIP）数据

公共艺术与区域发展：理论和案例 = Public Art and Regional Development：Theory and Cases / 乔迁主编 . —北京：中国建筑工业出版社，2022.9
ISBN 978-7-112-27821-3

I.①公… Ⅱ.①乔… Ⅲ.①公共场所—景观设计—研究—世界 Ⅳ.① TU-856

中国版本图书馆CIP数据核字（2022）第157299号

责任编辑：毋婷娴　石枫华
责任校对：赵　菲

公共艺术与区域发展：理论和案例
Public Art and Regional Development：Theory and Cases
乔　迁　主　编
*
中国建筑工业出版社出版、发行（北京海淀三里河路9号）
各地新华书店、建筑书店经销
北京海视强森文化传媒有限公司制版
北京市密东印刷有限公司印刷
*
开本：787毫米×1092毫米　1/16　印张：13　字数：281千字
2022年9月第一版　2022年9月第一次印刷
定价：**68.00**元
ISBN 978-7-112-27821-3
（39601）